產地直銷

自然嚴選

男人的菜市場

劉克襄 著

目錄

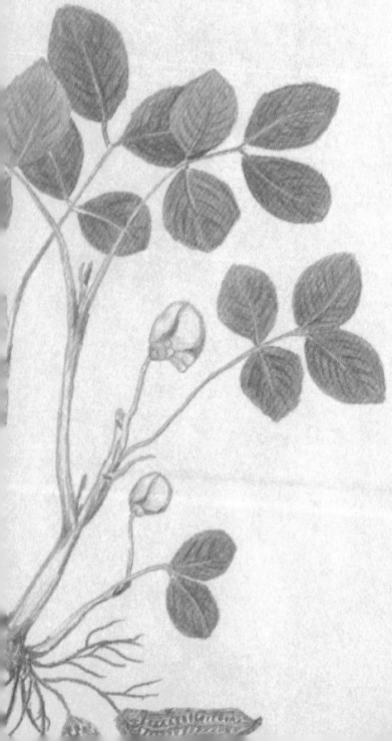

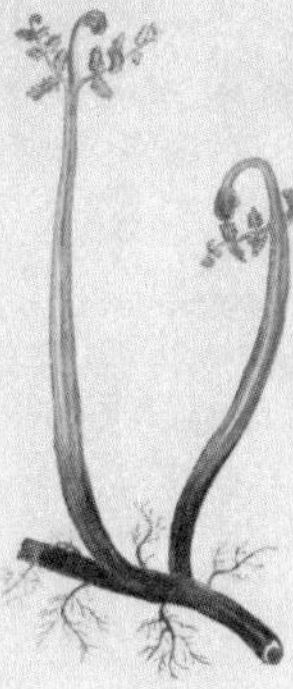

輯三 時蔬的采風

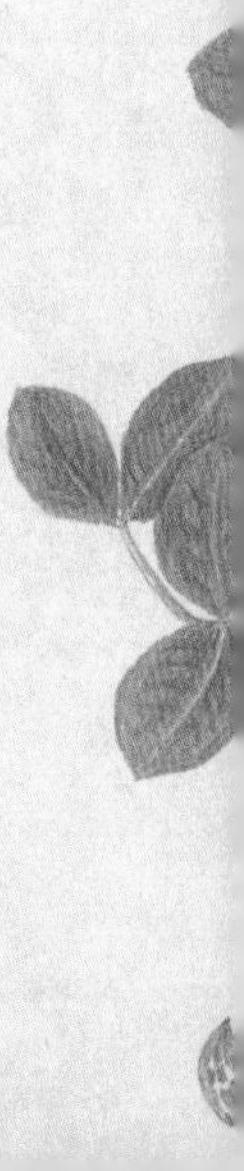

輯四　水果的身世

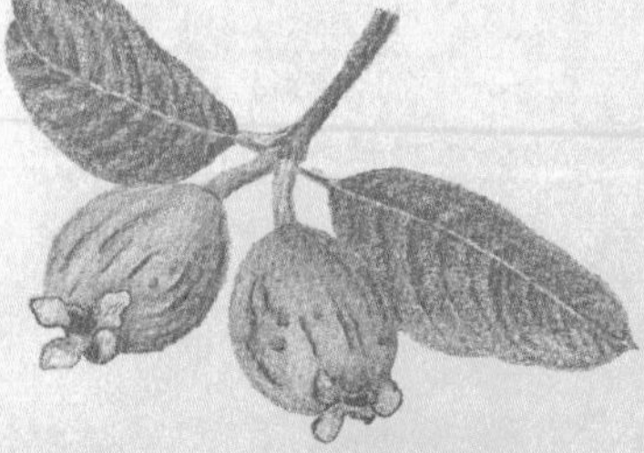

輯五

小吃的啓發

前言

三十歲以前，我是很少買菜作飯、五穀不分的單身漢。

結婚得子後，我從住家附近的菜市場開始學習。一般人家出門買菜，總要忖度家人吃些什麼，要買幾日分量？我卻像逛大觀園，常被熱鬧的場景吸引，忘了買菜的真正目的。

後來的旅行為什麼堅持逛菜市場，大概也是從這樣的走逛樂趣發展出來。以前走到哪兒，我也嘗試在地美食。但食物再好吃，總是他人烹煮，心頭有層隔閡。如果走進菜市場，看到食材的原來模樣，知道栽種的環境，似乎才有所安心，對地方生活風土更有較踏實的認識。

有好幾回的鐵道旅行，我便如此深刻地經驗。譬如，有次帶學生到隆田，參觀舊車站和街景市容，還有幾家知名的飲料店。沒半小時，我們走逛結束，仍舊意猶未盡。隨後，我注意到，過馬路後有座菜市場，便順路去探看。我們在那兒看到了樹子豐盛的採收，以及酪梨一簍簍運載過來，告知了在地當令的物產為何。還有旁邊的小吃店，斗大看板寫著「草魚粥」，提醒此地不遠乃養殖草魚之地。

有此市場一逛，我們對這小鎮的認識才生動地具體起來。菜市場從來就不只是買賣蔬果之地而已，大抵也扮演了這樣的功能和角色。一趟城鎮旅行，若少了菜市場的見聞，我們難有貼近在地生活的體驗。

喜歡走逛菜市場的人，大概也很少像我這樣，好像是去聊天的。整個市場逛個一圈，我最愛跟菜販果農探東問西。返家後若有購買的蔬果，忙的也不是洗切烹煮，而是先仔細端看，翻書查冊，想要從剛到手的食材，獲得更淵博的認識和想像。

有陣子，還頻頻走訪。賣蔬果的小販想必都不喜歡我這種人，才買一二，竟想順勢把菜的出處、特質和栽種方法問個明白。甚至，連販售者住在哪兒，農作物的生長環境都追究清楚。

這就是我的買菜樂趣，不管在住家附近，或者遠到台東花蓮旅居。從一座菜市場觀窺城市，我習慣於這樣的生活認知，勾勒一個城鎮核心的綠色地圖。

台灣的菜市場南北總有差異，東西部更是截然不同。旅行多年後，諸多菜市場的林林總總心得，如今七拼八湊，大抵也有了綜觀和具體的新角度，想跟大家切磋。

這本書的寫作內容，或許即可當作一座菜市場。菜市場裡有各類型的老師，我像一個愛發問的孩子，不斷地提出困惑，想要知道答案。我試著區分五大類，好讓大家清楚我的認知和思考，以及在那兒獲得的啟發。

輯一，市場的走訪。

傳統菜市場是動態的地方生活博物館。周遭鄉野物產，每天都在街頭熱鬧上演。我習慣從某一二特定物產，展開在地區域的摸索。那線頭，有時是某一季節才會茂發的食材，也可能繫乎某一在地族群鍾愛的蔬果。抑或是，一間著名老店散發的食物風味，一群果農小販微妙地定時來去。

從這一細微之處探究，逐漸堆疊一個鄉鎮風土的認識，地方菜市場有何特質，大抵浮現。至於，新興的農夫市集，既保持著傳統市集的淳樸況味，又關連著食物安全、環保生態，最近幾年蔚為風氣，我亦甚愛走逛，但好些困境隱隱欲發，我也嘗試爬梳釐清，藉此拋磚引玉。

輯二，食材的意見。

日常食用的五穀雜糧，以及熟悉的食材配料，各地都有充裕的供應。但一口白飯、一顆雞蛋，一塊豆腐，這樣熟悉的食物，我們卻最容易疏忽。過去更少思考，其背後所衍生的諸多問題。

菜市場不只是買賣的所在，也有物產起落的提點。不少食物的內容隨著生活型態的轉變，合成物、添加物的發達，早已悄然演化。從自己家庭日常的飲食，追溯到市場販售的情境，甚至源頭的生產者。在食材遞嬗的歷程中，我體悟到風土的脈動，也欣見改革力量的興起。

輯三，時蔬的采風。

不少熟悉的尋常蔬菜，過去可能被誤解了，或因時間歲月而被遺忘。更有一些，正以其目前發展出的特色，提示一個過去未曾注意的事端，可能會在未來，帶來另一食材的小小變革。

走逛菜市場，絕對不能忽視一個小農的蹲坐。他們擺售自己栽種的任何物產，很可能是即將消逝的，或者外來新種的，也或許提示一不曾設想的飲食方法。我樂於停頓這一看似小小無關痛癢的地點，發掘新的美好。

輯四，水果的身世。

水果的栽種和研發素來競爭激烈，品種隨時迭興。不少昔時熟悉的水果，跟現今流行風尚的有些落差，如今只能淪落鄉間，在地方偏遠的傳統菜市場發現。

每個年代推陳出新的果物，都有其時代風味，反映當時的味蕾偏好、飲食觀念。不再獲得青睞的老舊水果，不等於劣等之物。相對地，面對現下的主流，豐碩而甜美的水果，或許得多些審慎。認識每個年代的優勢水果，不僅了解它當時盛產的意義，甚而明白如今它為何繼續存在，或者重新回來？

輯五，小吃的啟發。

每個菜市場總有些具有代表性的小吃特產。小吃的美學層次，自有屬於美食意見的豐富天地。但這些食材背後常有另一風土的隱喻，呼應當地生活的狀況，甚而精采反映在地自然環境的特色。

地方獨特的小吃或者飲料，或許都可找到一些社會的因由背景，值得在未來當做某一節慶的要素。但更重要的，或許是提供了更進一步深化在地食物的論述。

綜觀之，青蔬水果、柴米油鹽不只是生活必需品，現在談生態環保，恐怕也得從此一小處著手，從生活飲食，從這一庶民風土的悉心了解，才能引發更多人共鳴。

我們走進這座森林裡觀察，不時遇見各種可能。太多食品的出產過程，有待我們更多研判，以及提供一個可能的想像。看到喜歡的蔬果擺在眼前，我常驚喜如見翠玉珠寶，也常保持這種探險的狀態。從這一頭順藤摸瓜，回溯源頭，看到它最初的環境。

我定調菜市場為地方生活資訊中心，但更視為展現生機和危機的生態環境現場。一處測試你自己生活價值的場域。時而歪頭沉思，皺眉蹙頭，恐怕是現代人往返菜市場必須擁有的積極質疑，不容打折。

食物和風土如此貼近，走往菜市場的路途，我不僅享受買賣的邂逅，也懷著這樣的提示，快樂伴行。

肚臍柑
風味佳
1斤
$40元
上市
一斤・40元

輯一

市場的走訪

〔入學〕

木柵菜市場

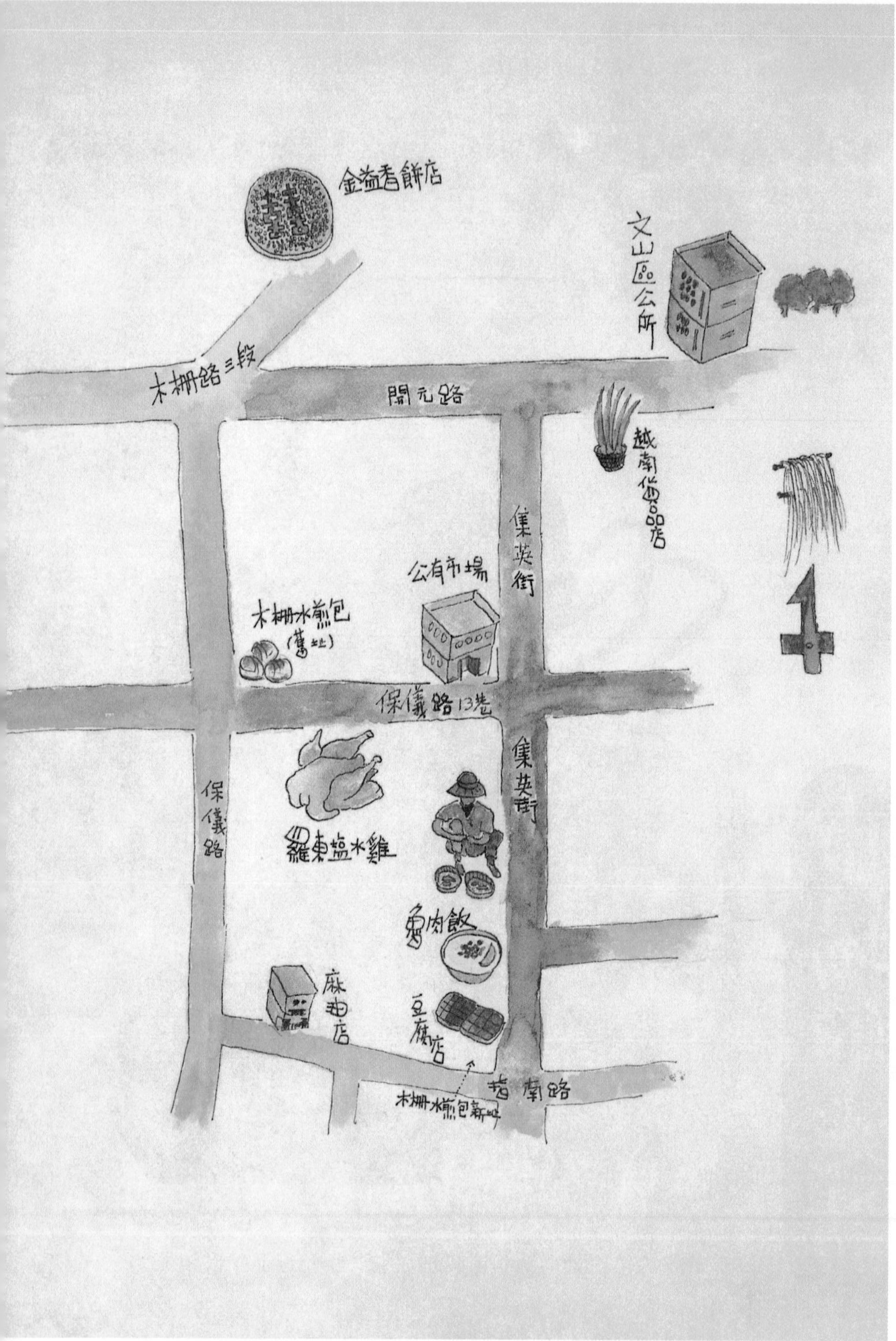
金溢香餅店
文山區公所
木柵路三段
開元路
越南食品店
集英街
公有市場
木柵水煎包
(舊址)
保儀路13巷
保儀路
羅東鹽水雞
集英街
魯肉飯
麻油店
豆腐店
指南路
木柵水煎包新址

我對木柵菜市場的情感，最初是來自一位老美的攝影，密蘇里新聞學院教授朗豪華（Howard Rusk Long）的著作《The people of Mushan》（1960）。那是五〇年代，他來台任教於政大時，抽空在木柵拍攝的地方風物群像。

九〇年代初詩人楊澤返台時，不知從何處取得此書，特別借我觀賞。書中收錄好幾張菜市場人潮往來的熱鬧畫面。對這座傳統市場，我不禁充滿了喧鬧的繁華想像。想像一張台北盆地的清明上河圖，在此南區山腳邊的小鎮，天天豐實地川流不息。

晚近，當我站在集英街，面對摩肩接踵的人潮，耳際翻騰著各種雜亂不歇的擾攘聲時，我更有著繁華持續不斷的感動。市街場景從歷史的黑白變為今日的彩色，愈加絢爛了。

後來，這兒便成為我在台北最常走訪的地點。我屢屢搭車到木柵舊公車總站，穿過台北最窄小低矮的騎樓，緩步走進這一逐漸沸騰的老街區域，享受遊逛市井民風的別趣。

台北盆地的菜市場，大抵分為外圍和市區兩類。外圍的多

這位阿嬤的菜畦在動物園附近，她種了多樣的蔬菜。

挨山腳，面積遼遠。若要對北台菜市場有一基礎認識，有幾個大型傳統的必得造訪，諸如淡水、北投、木柵、新店、樹林等。市區的面積較小，常緊鄰文教住宅鬧區。水源、士林、中山、南門、永樂、三水街之類，因為不同市民屬性，各顯特色，恐怕也不能錯失。大抵上，兩類差異明顯。外圍的，蔬果常大宗集聚，繽紛而豐富，變化流動皆多樣。市區的，以精緻乾貨、點心食品和高檔果物之穩定見長。

木柵菜市場屬於外圍的百年大市，周遭有貓空、草湳和坡內坑等山區提供的農作。遠一點，更有石碇、深坑和平溪等廣闊鄉野丘陵的產銷。朗豪華旅居時，大批隨國府撤台的軍公教已經在此落地群聚。這一景美溪邊的小鎮，不僅匯集了盆地南邊的多樣物產，大陸各地習用的食材也豐富了它的內涵。晚近，木柵更是強化。雪山隧道通車，宜蘭地方的農產快速地進入台北，什麼三星、員山來的，更常攏集在此。

這一不斷大幅變遷的繁華，北邊的北投菜市場或可做一精采對照。

北投後有半嶺、粗坑、十八份和小坪頂等山區，提供陽明山的傳統農產。關渡沼澤平原也有穩定的蔬果和稻米生產，持續在此供應。此一百年老巷老弄的蜿蜒，人潮之繁旺，展現另一人間熱鬧的浮世繪，區域特色穩定而鮮明，甚少變動，彷彿隨時遙映著早年的泡湯文化。

我習慣從開元街這頭，進入木柵菜市場。街市兩側除了尋常菜鋪果店，最迷人的風

景，大概是三四十名小農個體戶，散落在市場角落。他們可非來自宜蘭，更多是像百年前的祖先，從景美溪對岸的貓空和草湳下山，也有來自偏遠的土庫、烏塗窟、楓仔林。更有遠從平溪，每天搭乘台北客運到來。

小農個體戶全台皆有，地方特色亦可清楚區分。

在中南部鄉鎮，小農較不用擔心警察找上門。有的偏遠市集，區域開闊的，還以小推車推送多樣的蔬果，大剌剌來去，甚至條子也上門光顧。在台北盆地，小農個體戶多集中在外圍，那兒還可掙得一席之地。市區擁擠，難有立足之區。勉強邂逅一二，常見其神色驚惶如誤入叢林，生怕撞見波麗士大人。

外圍雖較安全，但木柵又近京畿鬧區，難免發生取締的情形。小農只能小心拎著茄芷袋或籃子，兜售著自己栽種的幾樣簡單蔬果，不時機警地抬頭，觀察四周有無警察形影。

一人伶仃孤單，危險性高，此地個體戶常二三人相伴以策安全，甚而排成一列。眼多望廣，警察來時，大家互報消息，

北投市場供應豐富的物產，恰可和木柵市場南北對照。

一起走避。只以小籃小袋拎著，便是為了行動方便。推車販賣的，若非位置妥當，或與店面商家交情匪淺，難保不被罰款。印象中，除了一位就近於大誠高中種菜的老嫗擁有小推車外，其餘都是靠兩條腿快速移動。

傳統市集販售的蔬果，跟大賣場的差異頗為明顯，不論色澤或賣相彷彿才離開土地，攤販也善於堆疊出豐富的內涵。採買時，往往比大賣場更具實在感。大賣場的蔬果，因為大量產銷，不時賤價出售。還有，想到包裝和收購過程的種種複雜機制，我常有種不安的疏離。

散落市場的小農，擺出的蔬果雖或有慣行農業投肥施藥的疑慮，但若常打交道，知其產地和種植過程，當能減少風險。熟識者即可察知，個體戶的葉菜類小樣而新鮮居多，瓜豆和水果外形或不若超市肥美，但那尋常之貌，彷彿自家食用，因多餘出來而零售。大抵上，這些蔬果好像新出土兒，感覺沒怎麼施肥。

最教人驚喜的，常有舊時的蔬果出現，或者奇鮮異果在此嘗試販售。如此四季不停，蔬菜種類積累下來，遠超過超市的貨色。超市往往是靠國外的蔬果撐場，增加其豐富和變化。

舉例之，在傳統市場常見的蔬菜，諸如角菜、鵲豆、白鳳菜、葉蘿蔔、馬齒莧、八月豆等等，絕不可能在超市出現。道理甚是簡單，因為上游果菜公司基於口味、栽種和裝配

小農排排站，這一小區塊是
我最愛走逛的角落。

阿段麵包原在市場一隅，現已搬遷。

幾樣小菜小物便能販售，圖個零用，此乃小農之特色。

等等種種考量，採購意願不高。受契約規定的菜農，自不敢栽培，避免量產過剩。久而久之，制約形成，超市的在地蔬果常流於單一。

傳統市場的蔬果較無此限制，地方小農的栽作更是活潑自我，其蔬果展現的內涵便值得稱許，譬如食物里程短，物產新鮮，耕地活絡等等，都較接近天然有機、友善土地的精神。

我很愛跟他們打交道，通常先買一二樣蔬菜，把感情基礎打好底，日後一點點累積葉菜和瓜果的知識。跟他們閒扯，不僅了解他們從何而來，栽作什麼蔬果，還可以交流農產訊息。但這類個體戶的作物，價錢會稍貴一些，有些不盡然安全無毒，更遑論有機栽作。

我也跟他們交流，施肥、除草和驅蟲的問題。針對某一類葉菜，暢談他們的種植心得。比如地瓜葉，栽植什麼品種，施肥後色澤的變化。透過此機會，小區域周遭地理環境的更迭，蔬菜栽培所面臨的困難和技術，似乎也有了更細膩的認識。要知新竹栽種的，跟台北就有明顯差別。冬天時，木柵山區多雨水，長時低溫，日照不足，蔬菜品質常有缺失。如果他們拎著過於漂亮形貌的蔬果，我當然會疑慮其來源。

每個市場都有味好實在的小吃。走訪菜市場，總要媚俗地探訪一二回。它們沒名沒牌，唯在地人熟知。這類小吃店面光是照顧市場熟客，常忙不過來，根本不需要接受任何美食採訪。

木柵也有如是三四家。比如羅東鹽水雞分店，外頭常集聚人潮。此店以煙燻雞肉出名，肉源來自新鮮放山雞，每早從蘭陽平原運送過來。開賣時，大家都顧不得禮節，概以猙獰面目競相搶購。誰喊得大聲，誰就占上風。不到兩小時，這兒的雞隻往往搶購一空。此一喧囂現形，活生生是木柵菜市場的小縮影。

不遠處，以前還有家木柵水煎包，一樣常有人龍。門前有一招牌很特別，除了價目表，還提醒你，不要過度露白，免遭小偷覬覦。現已搬遷至指南路，鄰近一家豆腐店。那兒的豆類製品相當多樣，提供我諸多食品衛生管理的想法。幾間隱藏在巷弄的越南雜貨鋪，總是有新鮮的外來貨品，一樣刺激我尋思食材的變化和未來想像。

總之，木柵是我買菜的小學堂。從那兒入學，進階，逐漸擴及台北盆地的外圍和市區。我如是搭乘捷運和小巴，走訪北投、淡水、樹林，以及市區內的永樂、中山等地點，遂有一台北市場的譜系。這一掌握好比清楚時尚品牌的流行，著名餐飲店的內容。我欣然享受這樣的買菜生活。(2012.1)

山過貓是木柵市場常見的野菜。

〔巡禮〕

大溪菜市場

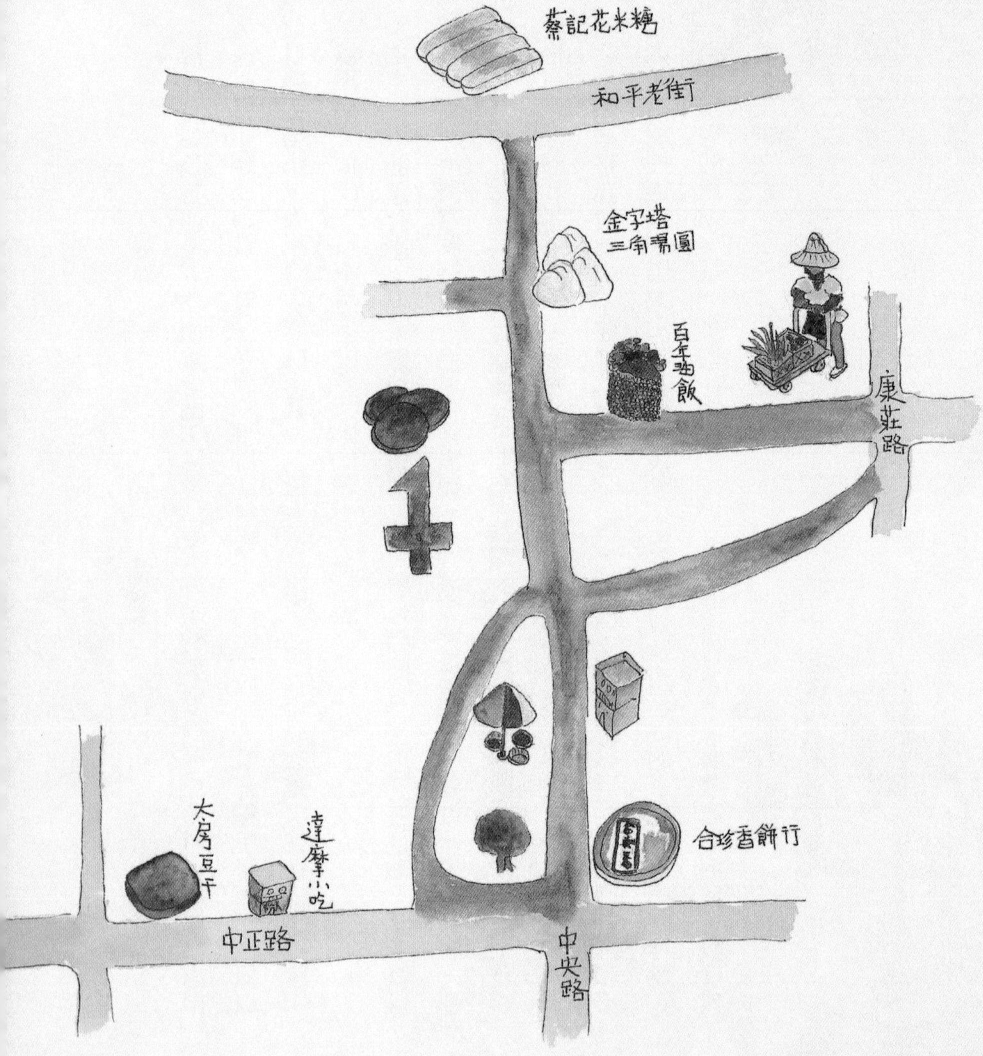
蔡記花米糖
和平老街
金字塔
三角湯圓
百年滷飯
康莊路
合珍香餅行
大房豆干
達摩小吃
中正路
中央路

例假日早上，我站在大溪和平老街入口，遠眺著遊客三五成群，穿梭於巴洛克式建築的騎樓下，自己卻裹足不前。

這兒已經走訪過十來回，哪個店面賣什麼產品，約略知曉了。我很困惑再走進去，還能遭逢什麼？透過觀光資訊的廣泛導覽，遊客們都偏好走逛老街，彷彿不搶購豆干、豆腐乳，好像不曾來過大溪。明年若有機會再訪，依然如是。

我轉身折入與老街交叉的中央路。百年前大溪是河港終點、入山起站，繁華的市街形成後，此地因時因勢出現了菜市場，如今繼續在眼前熱鬧地買賣。名聞遐邇且經營良久的百年油飯和三角湯圓，店面都挨擠在此間巷弄。以中央路為主的菜市場，長達三百公尺，周遭山腳和平原村落的農產，幾乎都集中到此交易。天氣晴朗時，比西門町擁擠比和平老街喧鬧，更充滿在地生活的熱力。

大嵙崁溪水漣漪，中有肥鮮國姓魚。

蕃人負載來市上，換得火柴歡喜歸。

一九一二年冬，賴和跟杜聰明等同窗從台北盆地徒步抵達

這兒常見四輪小推車菜販，跟她們買一把菜都能閒聊許久。

我在中途邂逅了唯一一攤賣傳統糯仔粿的。

此地偏好用臉盆裝菜分類，樣色一目了然。

大溪，走逛這座菜市場時，有此感性的見聞。現今大溪香魚已經不在，但角板山地區的泰雅族偶爾還會下山，繼續進行蔬果、香菇和水蜜桃等山產交易。

我正在尋找這樣的市場風景，突見一位婦人，扶著平板手推車傴僂到來，車上鼓鼓地裝滿了早晨摘採的蔬果。她把手推車拉到街心的空位後，就地蹲坐那兒，靜心等候客人。

這個位置若是在台北街頭，警察隨即找上門。若是在門庭若市的和平老街，也要付一筆擺攤費。但此地是約定俗成的公共空間，只要不礙著旁邊的店家，沒人囉嗦。那兒更可能是她的地盤，我甚而猜想，也許她的婆婆或母親，早些年，就在此擺攤了。陸續，又有幾輛相似的小推車經過，台北郊區多半只方便個體戶挑籃子進出。

我走上前，觀看手推車裡的菜色。跟這種個體戶買菜，總讓人充滿期待。依過去的經驗，每家擺出來兜售的蔬果，往往只有四五樣，數小把。絕不可能出現超市、大賣場蔬果的華麗場面，更不會有公有市場批發零售的豐美。

再比較菜色，她們賣的蔬果往往較單薄，或許貴一點。但私人菜畦栽培的，主人自己也食用，比較不用擔心農藥過度的問題。偏遠小鎮的傳統市集，更常出現意想不到的蔬果，或者許久未遇見的，也可能是新近嘗試栽種的種類。

那天，我跟婦人買了角菜、古早茄和龍鬚菜。角菜含特殊味道，超市絕不會販售。傳統的古早茄色澤慘白，形狀彎曲，賣相不討喜，公有市場更不可能出現。至於龍鬚菜，我注意到那嫩芽和葉子特別細小，絕非一般大量栽培的粗大種類。嘻，才逛一攤即了然，今晚將有一頓不同流俗的菜色。

我還有一門買菜訣竅。看對了，阿莎力地掏錢，先買再說，不與個體戶論斤計兩，要蔥索薑的。這等買菜其實不盲目，反而有良苦用心。一來活絡地方產業，二則贏得農友的歡心。

通常只掏個三四十塊，我不僅買了菜，多半也獲得他們的信任，願意暢談農耕植菜的經驗。想想看，居然能在陌生之地和當地農夫討教農事，還有什麼比這等便宜買賣更值得的？無人光顧時，他們往往也會把你當作嫻熟的朋友，開始閒話家常。在聖德科斯，你不可能經歷這樣的莊稼體驗。在超級市場，你更不可能邂逅耕種者。

有很多地方的菜市場，我都是靠著這樣的買賣機緣，和當地的菜農交好，進而獲知他們的居處環境。後來，我便知道，席地而坐的婦人住在不遠的內壢，小貨車運菜到外頭巷子，再以小車推了進來。果不出所料，從小她就在這兒賣菜，以前是陪母親，現在換她做主。等女兒國中畢業了，或許可以來幫忙。

她還報給我一個消息，再往前，三角公園那兒，一家賣豆腐豆干的，跟她同村。店家用料相當實在，當地人偏愛光顧。於是我轉往那攤瞧個究竟，果然擺出來的陣仗，那等豆製品種類的多樣和新鮮，絕不輸都會市區菜市場的內容。在大溪，買到喜愛的豆類製品，

竟不是老街上那幾家，什麼黃日香、黃大目、廖心蘭等等，我更覺得不虛此行。

正待回頭，準備去買著名的油飯。乍見街角，還有一年輕婦人正在賣一種黃色的粿食。好奇探詢下，她說這是用稻草稈燒成草木灰，製成的傳統粿仔粿。試吃一口，果然散發著天然鹼的風味，當下便興奮地買了一盒。

那婦人說，這種製法是祖母教的，我一邊吃著，難免揣想，再過個十來年，不知這粿仔粿還有無可能存在？縱使看得到，但它可能仍使用草木灰製作嗎？

沿途，我也在尋找此地獨一無二的車輪餅，或稱車輪粿。市面認知的傳統車輪餅有紅豆、奶油、蘿蔔絲等口味，麵糊烘烤的餅皮裹著肥厚的餡料，最受大家喜愛。大溪的車輪餅卻是一個扁圓的綠色粿食，好幾處粿食小攤都有販售。此粿摻入好幾種藥草，清熱解毒兼及皮膚保養，聽說以前是浴佛節和情人節才會製作，如今市場東探西問，很容易購得。

奇的是，唯有此地才製作，別地我卻不曾聽說。車輪餅的

榕樹下老阿伯現滷豆干是大溪知名的美食。

食材，除了糯米，有哪些藥草？打探了好幾回，各家似乎都講不清楚。有的唸了五六種，有人卻數了八九種。我只確定，每個人都提到艾草、魚腥草、鳳尾草，其他各家就不一了。不管如何，車輪餅乃大溪菜市不同於他地的重要指標，也是這座古老菜市場鮮為人知的生活線頭。尋此而去，應該還有一些老東西舊食材，潛藏在蔬果百貨裡。

一個城市古早生活的智慧，傳統菜市場無疑是最大的交流平台。我興奮地驚見，這等生活文化習而不察地隱伏於鄉鎮的每個角落，時時被自己不小心遇著，卻也憂疑那快要消失的可能。這樣的撞擊，讓我更加熱愛菜市場的巡禮。大溪當是，許多鄉鎮也如出一轍。

有時，我也喜歡，站在這樣的菜市場中央，無事地茫茫四顧，看著熙攘往來買菜的人群，聆聽著撒野而放肆的叫賣聲。那熱烈生活的迸發力量，彷彿大河的滾滾奔騰。很高興自己也隨波捲進，加入了某一個早上的盛宴。(2009.4)

上下兩塊車輪餅乍看相似，但不同店家出品，配料就很不同。

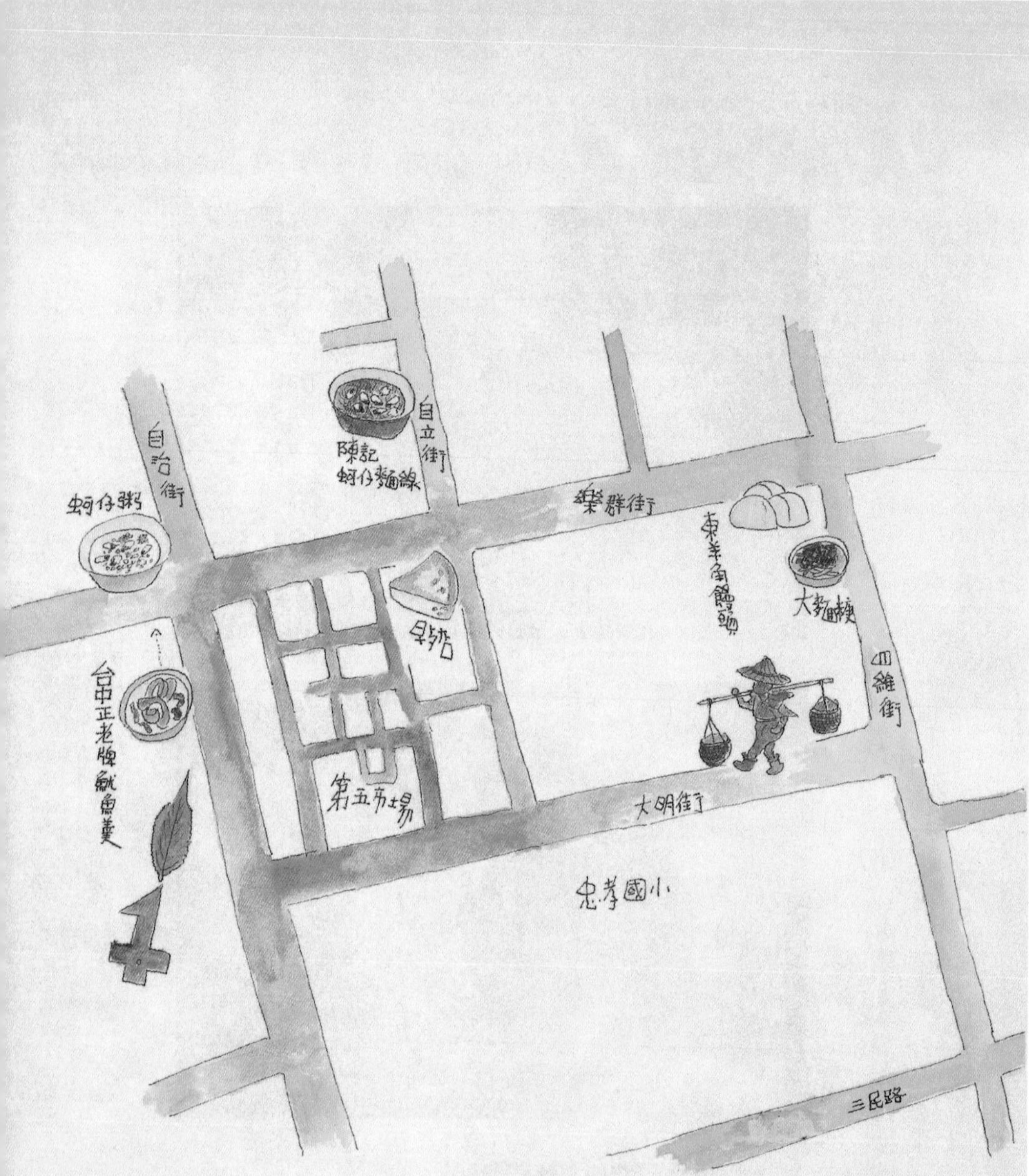

〔舊調〕

台中第五市場

一般認定的台中舊市區繁華範圍，大抵從火車站到中華路。短短不到兩公里方圓，過去少說有七或八座傳統菜市場，各自呈現特色。相較於全台，應該是分布最密集的城市。

但綜觀近二十年，這一老城區，因生活型態的轉變、金融商圈的外移、熱鬧街區的沒落，不少傳統菜市場都式微了。甚而因功能不彰，斷然消失。

比如第一市場，改建為雜貨廣場，昔時市場喧鬧的風光、蜜豆冰香醇的滋味早就蕩然。還有三民市場，以前榮景就有限，現在更剩下二三小鋪。又或者，復興路上的民生市場，早年人潮熱絡如天天嘉年華會，儼然為南台中第一大市集。現今規模則大幅縮小，乏人聞問了。

這些傳統市場起落都過於快速、激烈，庶民生活的記憶自是不易積累。倒是有那麼二三處，卻愈形穩定，終而形成現今有趣的存在。其具體意義也更大，清楚地跟養生、樂活和有機等等現代生活之道，對照出某一巧妙而幽微的呼應。最近我在這一從小生活的老城晃蕩許久，便積累了一些心得。

母親經常光顧這家攤位局促的小水餃攤。

第五市場維持舊調，
一個式兒不變，
長年自我滿足地暢旺。

生鮮、蔬果、雜貨，
以及暈黃的燈泡，
交織出第五市場的表情。

對台中熟稔者，或許會猜想，莫非我想直陳的是，現今台中最大的建國市場。不然，我總覺得，它過分膨風，批發性格重，並未照應到舊市區的生活況味，反而突顯了台中新世代住民對老台中的漠視。

我心目中的舊市區，最具有代表性的菜市場是哪座呢？忠孝國小後面的第五市場，齊全而踏實，便是一個充滿生活美學的類型，值得書它幾筆。

話說第五市場，很小也很大。

很小，因為方圓不大，只局限在樂群街和四維街的長方形街衢內。很大，因為小小的地方什麼都俱全，不管就台中小吃美食的密集度，或者從一個市場供給的農產品、生活雜貨等等評估，第五市場都有足夠的人潮支撐，自成一個圓滿小世界。

我對它的敏感，更因為它位居整個台中舊市區的中心，旁邊不遠的第二市場也是。後者歷史長達八十多年，第五市場則有半世紀的歲月。

這兩個傳統市場，在台中都會的發展過程中，跟現代化的城市生活，始終激烈地互動，人潮絡繹不絕。若形容它們是這舊城的心肺，一點也不為過。

但兩者的存在形式卻大不相同。第二市場接近商家和辦公大樓，商業消費機能遠大於第五市場，物價似乎也貴了一點。當地人戲稱五星級市場，即可揣知其特質。

再以一小例對照，更可突顯。比如，有一家著名的顏家包子店，每顆包子的價錢，連台北明曜商圈二一六巷著名的潮州包子，價格都瞠乎其後。

又或是，店家招牌已然統一管理，形成秩序井然的生活機制，乍時感覺傳統市場那種凌亂一些，駁雜一點的況味不見了。第二市場好些蔬果攤位，也在這一秩序井然裡悄悄匿跡。

基本上，它的傳統市場機能，那果菜喧嘩的繽紛已然退化，轉型為小吃、雜貨和細軟的集聚地。只是它顧影自憐，還有一種傳統市集的名分，想要堅持什麼。但巷弄裡來去幾回，便看穿了這等虛有其表。

第五市場剛好相反，持續保持一種舊調子，自我滿足地暢旺，絲毫不受外界影響。最核心的位置更是，低矮舊屋櫛比鱗次，起落不一地灰暗著。不想變革，彷佛也自負於這樣的調性。從戰後迄今，一個式兒不曾改變。

再說第五市場周遭的人口，泰半為文教圈，在法院、學校等單位服務者多。來此採買的客群以家庭主婦和退休者居眾。

大家也習慣了，它的傳統內容和氣氛，沒人覺得那是不對的。沒人會在此貿然提出什麼社區營造，或者建構一個現代美

市場裡提供多種熟食，就算不買，她們都樂於讓我拍照記錄。

學觀。那種紛亂和喧嘩的失序，看似失控，卻有一無秩序的規矩隱藏其中。一直和諧地流動著，堅實地存在於此。

第二市場的矜持，早就缺乏這種熱情的生活力量，難以和周遭的鄉里連結，農業社會的情誼也消磨了。我總強烈感受，某一商業氣息的客套禮儀，在主客之間互動著。

但你會在第五市場看到鄉下來的人，在此擺攤，一擺就是二三十年。你也會邂逅臨時的攤販，推著小車，或者開著小貨車，遠從中部山區下來，在此滯留一些時日，忽而又消失好一陣。

第五市場周遭的空間，從容而悠閒。包容這些外地人，在外圍毫無壓力地擺攤，或者取得一個合宜的臨時攤位。

相對於此，第二市場緊鄰中正路和中山路，周遭交通流量大，當然不可能讓這些條件存在。小農小販無從立足，就缺少一種人情味。它似乎愈來愈適合觀光客到此一遊，從網路索驥此間美食。

在第五市場裡面，因為生意熱絡，斗大的攤位便能養家活口。比如一個不及兩坪大的水餃攤位，竟攢簇了三個人，忙著擀皮和包餡，一做生意竟是十來年。

那樂群街的諸間小吃，更是舊市區裡人人知曉。台灣各種經典小吃，蚵仔粥、蚵仔麵線、飯團、肉圓、魷魚羹等等，沿著不及百公尺的街市密集地排列。一攤攤的美味和便

宜，常讓旅人來此見識後，驚歎地傳頌於網路。

還有食用後，某種心靈的滿足。原來，一出市場，這個城市就靜寂了。如果往西北邊去，美術館荒疏的街道，隨便都能找到停車位。倘選擇騎腳踏車或機車，似乎更為快活。縱使往賣太陽餅的自由路散步，好像也沒那麼有壓迫感。

在台中定居，每天到第五市場買菜，少不了這種愜意。那是第七期重劃區居民難以想像的，也不可能享受到的，老台中的素常生活。

我並未司空見慣，而是時時快樂其中。(2008.5)

八十年的第二市場和五十年歷史的第五市場，發展出迥異的內涵。

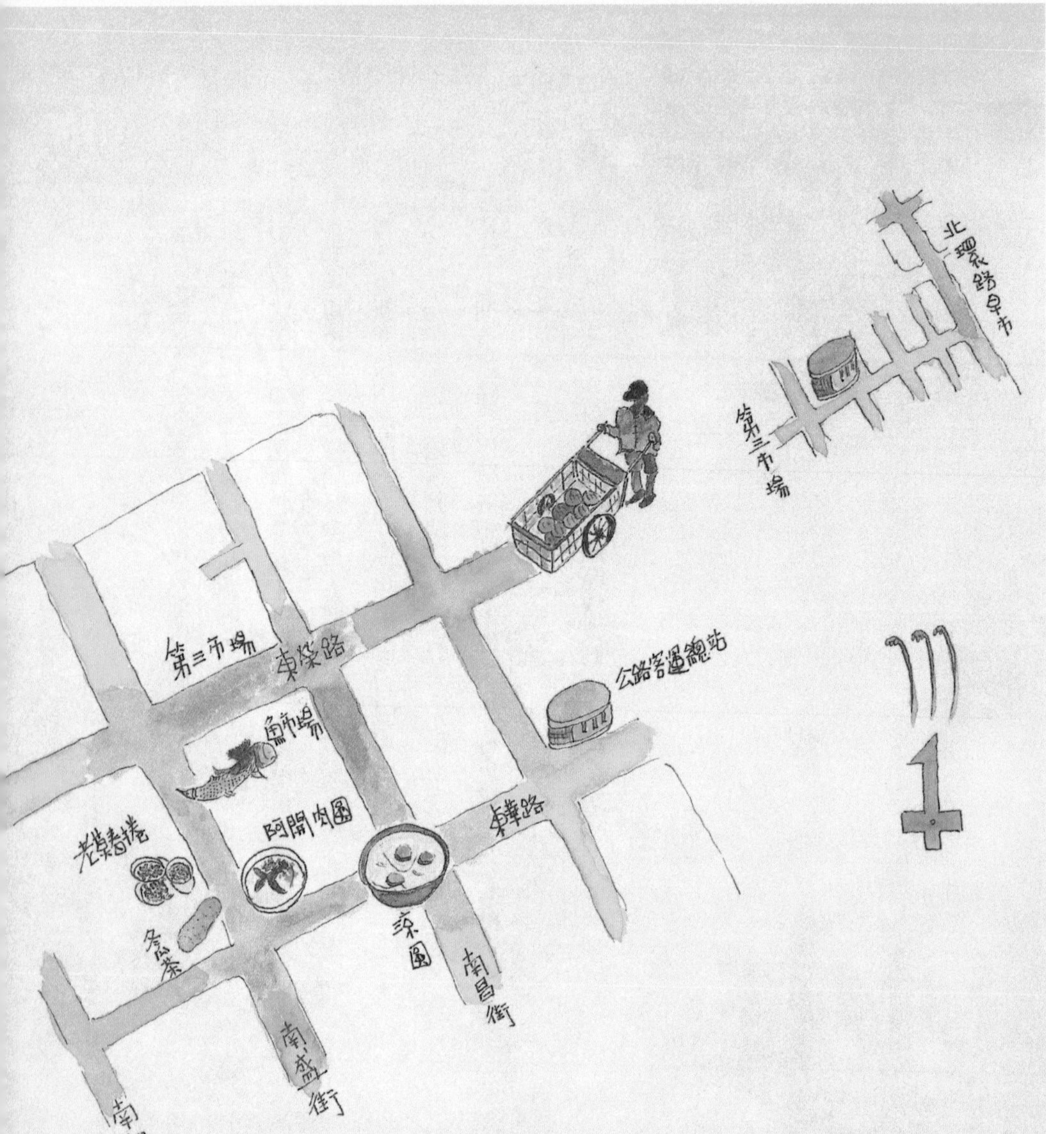

〔廣聞〕

埔里菜市場

前些年很難想像，自己居然可以搭乘高鐵，從台北到埔里買菜。

那天一早，搭乘高鐵抵達台中新烏日站後，隨即轉搭半小時一班的南投客運，前往埔里。

通常，客運車程約一個小時。那天我一如先前的估算，一大早便抵達。當很多人還窩在台北的被褥時，我已經忙著跟當地的菜販熱烈地論斤稱兩、討蔥要薑了。

沒多久，我的背包也塞滿當地的諸多蔬果和食材。更興奮的是，這樣的南下旅行，大概是這輩子買菜以來，最充實的一回。彷彿自己的行動，也活絡了地方產業。

花了那麼多交通費，當然不可能只在菜市場買菜。也許應該再去逛埔里酒廠，參觀廣興紙寮，或者前往桃米、日月潭旅行。但我寧可繼續滯留山城，走逛街衢，好像徘徊那兒就有諸多見聞，值得自己逗留許久了。

如今國道六號通車，從台中到埔里四十分鐘即可抵達。這個條件意味著，日後我抵達的時間，又可以縮短。從環保低碳

各式各樣的香蕉，令人驚奇撩亂，埔里地區尤其明顯。

北環路的早市，沿著開闊的馬路分據兩邊。

搭車到埔里客運終點站，就是買菜的天堂了。

觀點，此一長距離來去的車程教人疑慮，但我還是禁不住，浪漫地想像著，各種可能遇見的樂趣。

到底在埔里買菜有何美好，我竟願意專程搭高鐵南下，捨棄日月潭、九族文化村、牛耳石雕公園，只在埔里山城走逛呢？起初，只是一種地理空間的想像。

菜市場是當地農產品的集散中心，尤其是漢原集聚，拓墾歷史繁複的傳統菜市場，更展現這種豐饒的內容。埔里是交通發達的山城。從清境、霧社運載下來的蔬果，勢必經過此地。由水里、日月潭北上的農產，有些也會匯集到此。再加上，整個埔里台地栽種的，都以此大鎮為中心。那種琳瑯滿目的菜市場榮景，自可快樂預期。

更讓我期待的是，不同族群栽種的農作。百年前，台地附近就是巴宰海平埔族的家園，布農族和泰雅族也會將自己的山產帶來交易。這種行之有年的貨物交流，想必還有不少情景存在。十年前，台灣最早的一家野菜餐廳出現在此，合該出自這樣的淵源。我樂觀地研判，自己會驚見一些別地罕見，或者已然消失的風物。

在老舊、質樸的埔里公車總站下車後，兩個埔里最重要的菜市場，恰好一前一後坐落。一個是北環路的早市，離車站約有五條小街的距離。另一處是公車站前，巷弄裡一大區塊的傳統市集，銜接第三公有市場。

北環路的早市，沿著一條開闊的馬路，分據兩邊，擺了約二三百公長。一大早交易即

賣我一包菜，阿嬤好開心。

埔里市場匯聚周遭物產，這位老闆來自清境山區。

推車上的貨色堆得這麼高，告知著此地的豐足。

熱絡不絕，直到近午。綜觀之，蔬果種類變化頗大，個體戶亦多，也常有其他地方的農民，運送自己栽植的當令果物到此銷售。

緊鄰第三公有市場的傳統市集略晚些時才熱鬧，但範圍更大，多為固定攤販，內容偏向愈加多樣。再者，周遭總有小攤小販，推扶著小型四輪手推車到來。他們自製了各種在地小吃，什麼碗粿、麻糬和飯團等，一賣便二三十來年。光是這樣的歲月風華，就知其販售食物之美味。若無此水準，絕不可能在街上，擺攤如此之久。

除了地點奇佳，足以觀看豐盛的物產。不同的時節，還會邂逅不同的特殊食物。以秋春兩季為例，販售的差異就很大。秋天時，我在早市會買到北瓜、節瓜、麻嬰、八月豆、阿娜娜等較為新奇的蔬果。到了春日，可選擇的葉菜類依舊多樣，三腳柱、野莧菜、草石蠶、蕗蕎苗和蘆筍花等在地食材，豐碩地見諸菜販的攤位。

水果繁複更不待說，光是單一品種也常讓人撩亂，譬如香蕉便是典型之例。埔里是蝴蝶小鎮，更是香蕉天堂。少說有十來種香蕉出現此間，外來和在地的雜混多時，專家不知如何剖析。什麼大蕉、旦蕉、指蕉、紅蕉，這些變種的芭蕉和山蕉並列，其色澤樣式詭譎，都是其他地方難以想像。

當然，買菜不純然為了新奇，或者發現異國之風味，主要還是想了解，為何有此一新葉菜和瓜果的栽作，當時係何因由培育，進而促發這些偏遠小農小販的多樣耕作。

長相不怎樣的阿娜娜，製成冰品超美味。

不要錯過了阿嬷的碗粿，很多人返鄉只為了吃她這一款。

我更樂於購得，人心果、梨仔瓜、土芭樂、土檨仔這類傳統的鮮果。都會鬧區的水果攤，偏好擺出豐熟、甜美、多汁的水果形容。這些外貌不揚的老式果實，永遠上不了檯面。但它們可能更適合我們的脾胃，更能調節我們愈來愈被文明馴化的身子。

無庸置疑的，這兒買到的蔬果也便宜地教人驚奇。買方和賣方都獲得實質和精神的無上快樂。我的麻煩往往在於，有能力買很多，卻無能力提著它們恣意走逛。

或許，應該找個民家友人好好商量，放置在一個陰涼的位置。等歸返時，再去領取。要不，乾脆仿效此間的個體戶，推個四輪小車，一路走逛，更加愜意。

這裡的攤販們很驚奇，一個台北人一大早，大老遠跑到埔里買菜，會不會腦筋有問題？

我的回答，當然是！正因為有問題，我才會大費周章奔波至此，站在這個偏遠的位置，忖度著買菜的意義。這時才更了然，自己在台北走逛市場，遇到的諸種瓶頸。為什麼永遠是那幾十種，為什麼簡單幾樣菜就這麼貴，為什麼有些菜比如高麗菜、花椰菜，送到台北總是比較好看肥美？

買菜這門學問，如果只是三十年如一日，在住家附近走逛，看到的，永遠是那些一成不變的內涵。只有四處旅行，把買菜當成逛街般必要的娛樂，視野才會開展，才會增廣見聞。(2009.3)

〔彳亍〕恆春菜市場

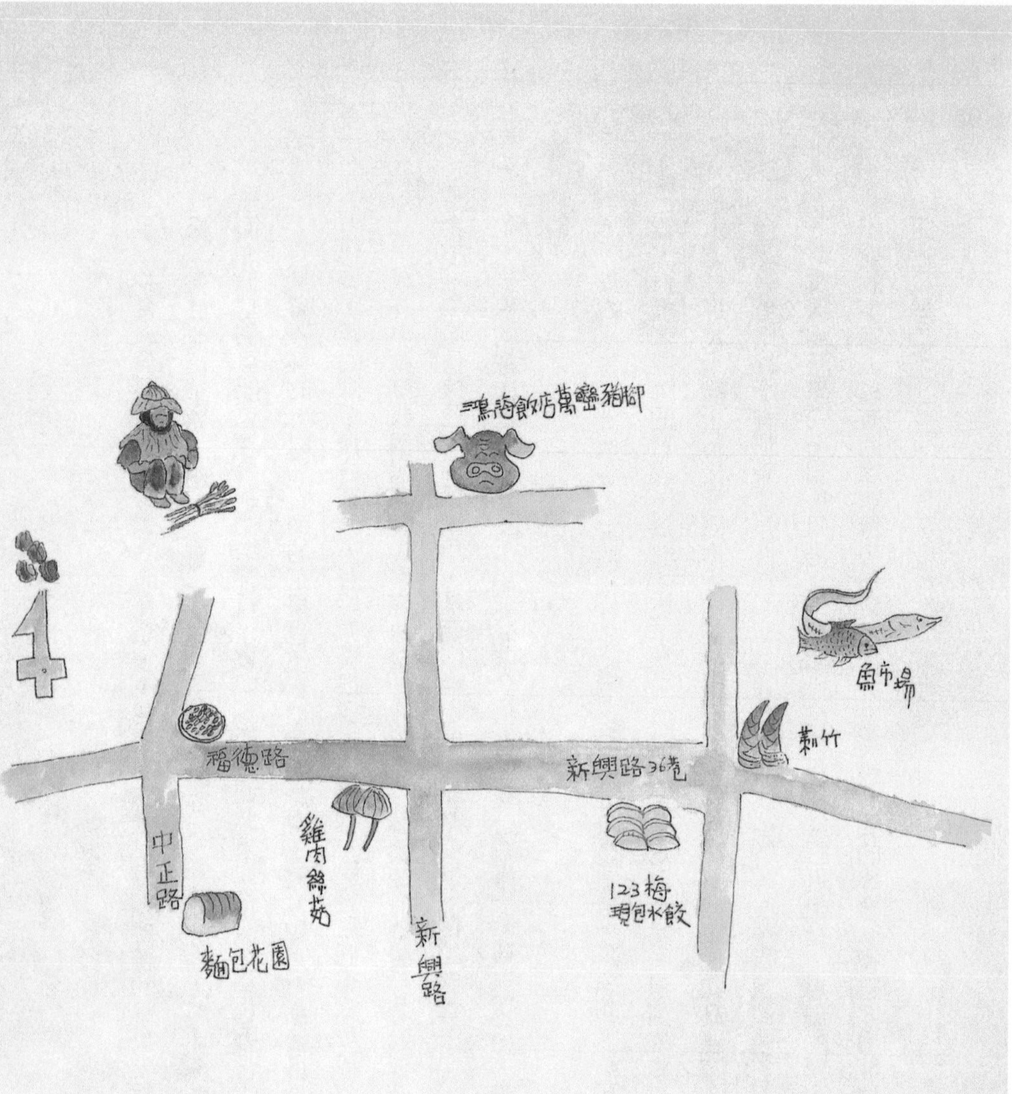
鴻海飯店萬巒豬腳
魚市場
莿竹
福德路
新興路36巷
中正路
雞肉絲菇
新興路
123梅
現包水餃
麵包花園

身處南方之南的古城，接近恆春菜市場時，我充滿了走訪墾丁海岸森林一樣的興奮。

我的眼前是中正路和福德路的交會口，由此往西，這座熱帶古城的多處遺跡猶在。土牆、老街和石碑之類的內容，依舊吸引著好些對歷史人文興味盎然的遊客。電影「海角七號」的熱潮雖已消退，但還是有那麼三四處拍攝景點，繼續被年輕族群圍觀。

遊客大抵是往這方向的街坊巷弄彎繞，順道尋找肉包、綠豆饌之類的美食。縱使日頭赤炎炎，仍有些許旅人甘冒中暑，執意沿街來去。

往東，一路通底才是菜市場的形色。當地人忙著進出買賣，喧嘩如一般市集。入口三四家檳榔店，一粒粒大顆的菁仔堆了好幾攤，更有現貨裝在麻袋裡的。在地人不斷停靠，拎著大包離去。購買者男女皆有，沒什麼性別差異。

新鮮的菁仔成堆外，旁邊還有長期曝曬後的檳榔乾，隨手可取來嚼食。我好奇地趨前端詳，老婦人揮走蒼蠅，抓一把，

帽子、頭巾、袖套是恆春賣菜婦人的必備裝扮。

慷慨地塞給我試嚼。

「比口香糖還天然！」她鐵口直斷地誘引。嚼食後，果然不像菁仔的青澀，我旋即對此一變樣的成品感到稀奇。隔天離城時，還跑來買了十來顆，取代檳榔咀嚼。

檳榔攤旁還有位婦人臨時插花進來，販售著新鮮的鳳尾草和其他青草藥。鳳尾草仍沾著露水和泥土，一把二十元，便宜得教人吃驚。這等青草茶的必備藥草，在萬華青草巷多為曝曬後的乾貨。也不知婦人從哪兒取得如此新鮮的。

繼續往前，琳瑯多樣的蔬菜攤，擺著各種時令蔬果。最特殊的是雞肉絲菇，一大把暗灰地堆放著，彷彿即將丟棄的廚餘。但細瞧之，根部仍沾附土壤。我首次在菜市場看到，眼睛瞪得如銅鈴，委實不敢相信這等罕見的天然食材，還有人在叫賣。

老婦人看我臉帶驚奇，彷彿很識貨，遂主動開口，「今早摘的，要嗎？一斤兩百元。」

「這幾日沒下大雨，怎麼會有？」我懷疑道。

想起恆春，就懷念檳榔乾。我喜歡一邊吃，一邊逛。

朝思暮想的雞肉絲菇，只有在此野鎮才可能邂逅。

「我們這兒露水夠，有時也會長出，長得很好。不信你看，這柄上的泥土都還溼溼的。」老婦人振振有辭地解釋。

老婦人並未哄騙，菌柄長及手掌，菌傘半徑亦寬如拳頭，足見生長環境不差。這古城之後，排灣族群生活的層層山巒到底是什麼環境呢？我心中浮昇起許多綠野豐饒的想像。

幾乎每位賣菜的婦人都用包巾遮護頭頸，再戴上斗笠或帽子，手臂則戴著袖套。騎車時僅露出雙眸，避開日頭的直接曝曬。

旋即再行，抵第一個十字路口。兩位老婆婆擺著一個混合攤位，木架上陳列著諸多藥材乾貨和芭蕉、芋橫、地瓜葉等。一堆剝好殼的巨大嫩筍，明亮地高豎攤位上，引發了我的興趣。

筍的種類我大抵熟稔，麻竹或春筍（孟宗竹）都毋須如此大費周章，剝皮露餡才販售。眼前展示的竹筍內涵教人困惑，結果老婦人報以，「山竹的筍！」

什麼是山竹？別的地方怎麼沒聽說，再仔細聊，原來是莿竹，從山上辛苦採摘下來的。怎麼莿竹也可以吃了？經驗裡，其他地區很少聽說挖食的。她們忙著買賣，我只好帶著疑惑上路。

再往前沿著街衢，都是一般尋常菜市場的風景，賣熟食的豬肉的水果的魚肉的粿食的便宜內衣褲的，我匆匆瀏覽而過，隨即又注意到一位騎單車而至的婦人，只拎了兩個袋子就地鋪位。

其中一袋是削得只剩綠色長桿的刺莧，綑成好幾大把。另有好幾包山竹切片，雪白奪目。整個早上就賣這兩樣嗎？隔壁攤位的貨色一樣少量，罕見的金瓜和烏仔莧嫩葉，加上尋常的地瓜葉，似乎賺點零錢就可度日。

走到第二個十字路口，儘管被太陽曬得大汗淋漓，我又被眼前轉角攤販的食材吸引。一大盒的保麗龍，堆著小山高的雨來菇。這款像木耳的食物可非菌類，而是一種陸地生長的藍綠藻，雨後最常見於草皮和屋頂。此地餐廳為了商機，鮮明地標示為特產：情人的眼淚。

很少雨來菇如此碩美，以前在花蓮黃昏市場看到的，多半肉質貧薄而瘦小，這兒的肥大令人垂涎，一如雞肉絲菇。我禁不住讚歎，好奇地打探取材之處。

「這兒的草埔特別會生長，比別的地方都好。一斤才八十元。」老闆很清楚自己貨色的優點，進而以生態觀察的知識，推介了旁邊的鹿角菜，「墨綠的鹿角菜深居淺水海岸，海水來

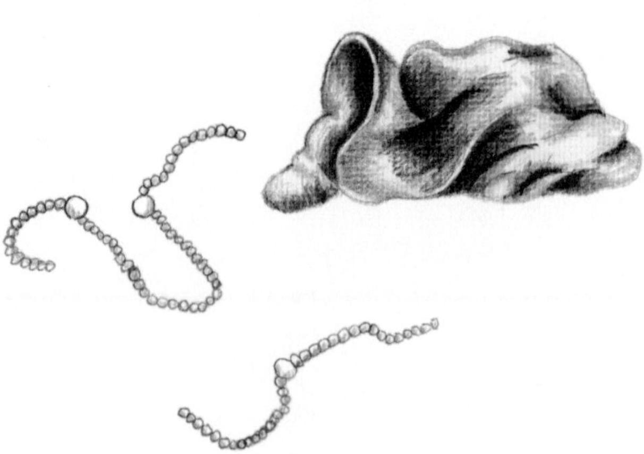

「雨來菇」是雨後之物，天然的尚好。

回流動的地方，才能長得特別美好。這些都是大潮遠退後，走下岩礁，才能採得如此生鮮，一個月只有一次。」

我大感驚奇，問老闆可以拍照嗎？夫婦倆都點頭，隨便我攝取。老闆主動介紹自己叫林水吉，道地的恆春人。我在那攤位徘徊許久，捨不得離去。林太太見我揹著大背包，在棚外被陽光曬得辛苦，旋即招呼我進去小坐，至少把背包卸下來好拍照。

這一菜攤主要是林太太負責，先生從旁協助，隨時騎機車運送蔬果到餐廳。他們賣蘿蔔乾、菜豆乾、青辣椒、草木耳和鹿角菜，還有剛剛不斷邂逅的山竹。

無庸置疑的，山竹是這兒的特產。台灣其他地區的竹筍，經常食用的，約莫六七種，但很少有食用莿竹的。一來苦味高，再者一目一刺不易挖取。

隨後，林太太道出了此地此時普遍食用的原因。

山竹是山上的，以前恆春窮人多，暑夏才有出筍，當然要趁機採來食用。恆春也有其他竹筍，諸如烏腳綠和綠竹，惟產量不多，價格偏高，有錢人才吃得起。山竹一斤不過五十元，只是質地苦，必須切成薄片，浸泡一二天，才能減輕。他們多半清炒食用，但若能伴煮魚鮮，風味更佳。

林太太還感歎，小時若有草木耳和山竹就是美好的一餐了。提到這兩種食物時，那緊密包裹在布巾裡的臉，賺露知足的微笑。

隔壁的婦人姓張，每天遠從屏東，載著一隻甚愛吠叫的小白狗，開貨車到來。她也做蔬菜生意，主要賣綠竹、烏腳綠。還有一些長相較好，恆春無法栽種的時蔬。

她問我是做哪一行的？我回答無業遊民，偶爾寫些文章。她們認為我太客氣，隨便開玩笑，猜測我是記者。

旁邊一位聊天的中年男子聽到了，興奮地權充嚮導，硬拉著我走進菜市場裡面，觀看新鮮的魚貨。走進公有市場的大樓後，他熱心地介紹了倒吊、臭都仔、河豚，還有製作海香菇的花枝皮，都是此地紅柴坑漁港撈捕上來的新鮮魚貨。

拍完照，再回到林太太的攤位，不知要去哪兒了。眼看天氣酷熱，乾脆繼續坐在攤位後方，觀看他們賣菜。原本人來人往，好不熱鬧，但過了十點，人潮快速散去。

林太太繼續介紹自己的食材。角椒是自己種的，不會辣的辣椒。恆春日曬風吹足，嚼感十足。蘿蔔乾用小蘿蔔品種，十月就採收，風味更醇，製作時也絕不添加防腐劑。其他攤上的食材，都是向在地鄉親批來賣的。

林太太請我到裡面休息、抬槓，順便跟他們一起賣菜。

張太太看我揮汗如雨，仍對在地食物好奇，特別從後頭的冰庫取出一罐山林投果實熬煮的涼茶，請我試喝。我初次嚐到驚豔不已，大讚此茶風味特殊。她聽我如此稱許，再取出一種黏稠而富膠質的冷飲。我旋即再嘗試，果然有另一番飲料風景。原來是採集自海岸的蜈蚣菜，微火熬煮而成。

小小恆春菜市，隨便一二攤，竟都存藏著珍奇的地方特產，不禁教人側目。

林太太很同情我，一路都用走路，跟其他遊客不一樣，再給我一瓶椰子水，「這一罐，等一下上路時喝，免得著沙。」

我跟她們說，這三種果物或許都可以研發販售，發展為此地特色。尤其是蜈蚣菜和山林投，別地甚少聽聞。她們聽了笑開懷，直說賣菜種菜夠累了，自己喝得快樂就好。

林太太在紅柴坑出生，年紀跟我一樣大。小時家裡貧窮，就讀山海國小時，總是高掛著昂貴的鞋子，赤腳上學。現在山海國小的營養午餐，都是核三廠免費提供。但她小時，中餐都得跑回紅柴坑吃飯。有時還不一定吃得到，只好挨餓，上完下

林太太跟我年紀一樣大，很滿足二十多年的賣菜生活。

午課。家裡有八位兄弟姐妹，都只有小學畢業。那時還差點未讀完，準備去看顧赤牛。小學畢業後，只識得一些字，不會寫。日後跟這裡的多數女生一樣，跑去做瓊麻工人，以前的工資待遇並不差。

二十歲時，她嫁給林水吉，搬到恆春裡面。二十六歲賣菜到現在。最早在中正路，賣了二十多年。市場移到福德路後，她隨著轉移陣地。仔細推算，也有十三年的歷史了。就這樣，一生如是簡單，好像幾十個數目字，簡單幾分鐘就可交代。

張太太誇讚她，四個孩子都是大學畢業。林太太笑了笑，很滿足地凝視著每天張望的街景，不再說話。

近中午了，她們開始收攤。今天星期二生意向來差，星期六日較好。中午收攤回家，休息一陣後，下午三點她們還要去農田工作。晚上九點入睡，隔天四點就要起床備貨。

林太太騎著KYMCO檔車，把一些未賣完回的蔬果裝載上後座。我走到十字路口，在檳榔攤休息時，她騎車經過，特意跟我揮手再見。

過了三天，我再去菜市場，準備買一些山竹回去。她高興地塞了一大包蘿蔔乾給我。再三交代，炒菜脯蛋前，先清洗去鹹才會好吃。

這趟旅行邂逅了山竹、雨來菇和雞肉絲菇等珍奇，又遇見好些善良婦人，我帶著滿滿的收穫和溫馨離去。就不知下個季節，會有什麼不同的物產？下回來恆春，首先想拜訪的地方，應該還是這裡吧。(2011.7)

在檳榔攤蹓躂時，林太太停下機車，跟我道再見。

〔異趣〕

花蓮菜市場

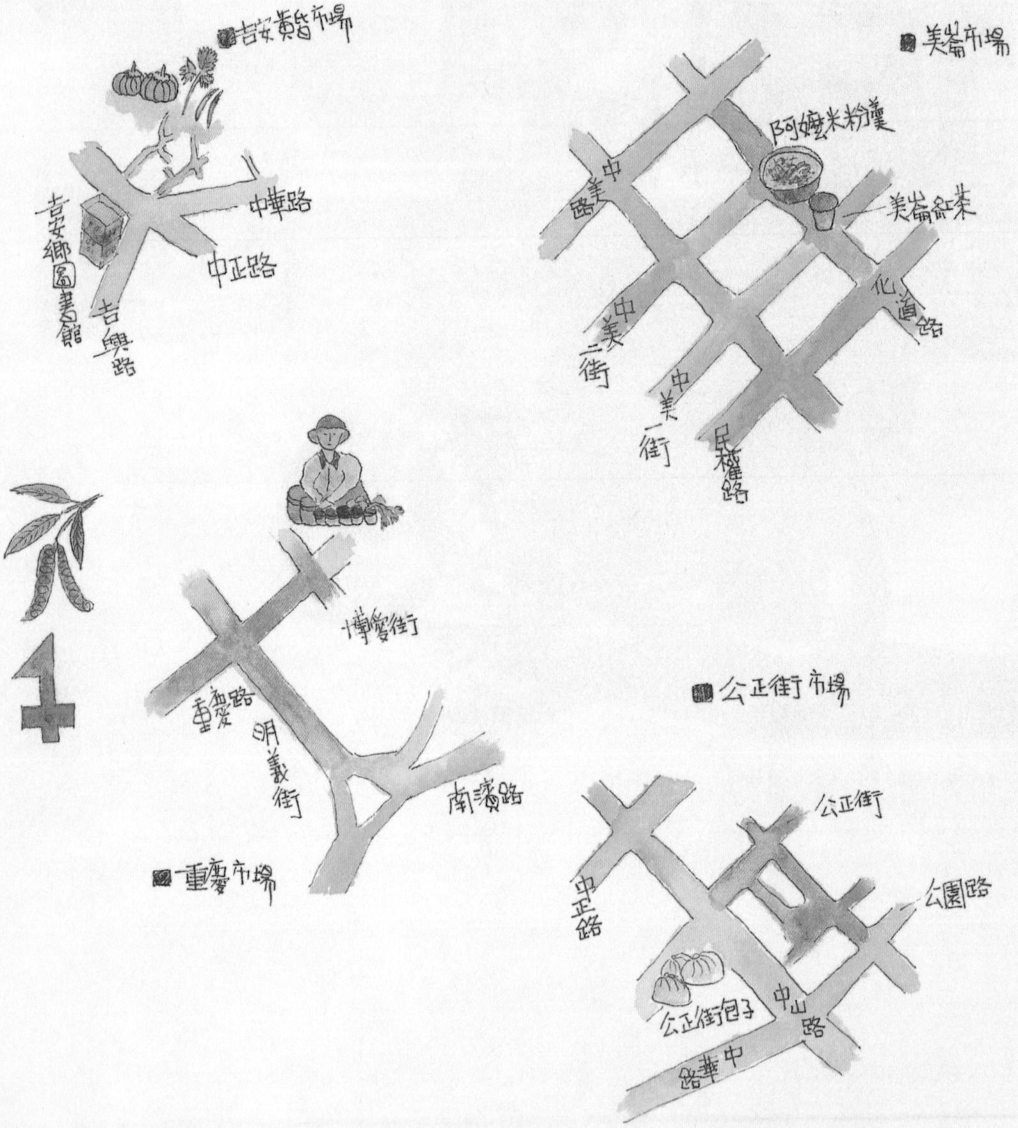
吉安黃昏市場
中華路
吉安鄉圖書館
中正路
吉興路
美崙市場
阿嬤米粉羹
中美路
美崙紅茶
化道路
中美二街
中美一街
民權路
博愛街
重慶路
明義街
南濱路
重慶市場
公正街市場
公正街
公園路
中正路
中山路
公正街包子
中華路

前幾年，花蓮機場大樓重新啟用，一時間搭乘者眾多，通往機場的聯絡道路，頓時充斥著「曾」字為主的麻糬商家。晚近遠航停飛、石油飆漲，這類麻糬店面似乎略有減緩的趨勢。不過，畢竟是一個觀光城市，市區內的麻糬店面依舊熱絡。小小的城區，熱鬧一點的街坊，隨便轉個彎，不小心還是看到斗大的「曾」字。

老實說，外來者泰半辨識不清，哪家麻糬才是正字標記。但要離開之前，總會抽空前往其中一處。縱使你是老顧客，抱怨著，麻糬不若早年小店的口感了，還是會光顧。彷彿不帶個一二回去，就沒來過花蓮。

以前，朋友載送我經過這些麻糬店時，難免叮嚀，「要不要停車，買幾個帶回家？」初時，時間允許下，我都會興奮地點頭。明明知道，當天享用口感最好，不宜購買太多。最後還是忘情地，硬買一大包。後來常吃撐了，便逐漸缺乏興致。

最近朋友再接送，探詢是否要買麻糬時，我反問道，「能不能去別的地方，如果時間夠的話？」

美崙街菜市場漢原混雜，展現了食物多樣性。

市中心還有什麼方興的伴手禮？難道是郭榮市火腿，抑或公正包子、提拉米蘇？

我不好意思地提出要求，「可以逛一下黃昏市場嗎？」朋友愣了一下，等知道我想買野菜後，也心懷好奇地載我過去。

吉安黃昏市場臨近中華路和中山路交界，距離花蓮市區約五分鐘車程。傍晚時分，那兒是一個喧嘩繁雜的大菜市場。入口處小吃攤沓雜集聚，經過香味四溢的鹹豬肉，穿越成排的衣物店鋪，接著便是蔬果集散的叫嚷買賣，擁擠的人潮不斷出入。最後走逛到有些安靜的位置時，原住民擺售野菜的攤位出現了，約莫十來公尺，偎集一角，亮著鵝黃的燈光。

在此擺攤的原住民，大抵以阿美族為多。對於食材的採集和料理，他們是所有原住民族最具探險精神的。不論山崖海角，凡周遭動植物可食用者，往往都會善加利用。黃昏市場的野菜，愈來愈受到遊客的矚目，可能係因食材嚐鮮蔚為風氣，但這支族群集先民採摘的智慧，展現的自然蔬果美學，恐怕更是主因。

嚴格說來，黃昏市場的野菜並不豐饒，只因內容特殊，我們甚少在其他地區發現，乍看時，常有發現新奇食物寶藏的驚奇，以及接觸異國文化的那等快樂。

只是頻繁了，不免有乏味之感。我選擇走訪的時間，因而還會區隔，儘量配合季節前往。許多野菜一年四季可見，但也有些種類集中於某時令。每個季節，此地總有不同的菜色變化。晚秋時的芒花嫩穗、木鼈子嫩葉、山苦瓜嫩葉，初夏時的山茼蒿、南瓜嫩苗，以及冬天的小洋蔥，都在不同時令，提供料理的想像。

相較於西海岸的蔬果，東部果菜價格不一定便宜。若是外地引進的往往高價，當地種的才廉價一些。黃昏市場的蔬果，部分乃早市剩存，過了一個晌午，價錢更加物超所值。我往往順手買了好幾種，直接帶回台北食用。當天若有客人拜訪，正好以野菜料理，設計別出心裁的原民菜餚。

有時，我還把野菜當禮物送給友人。以前送麻糬時，大家覺得稀奇，現在展店如織，還可網購，難得性大為降低。我攜著北台灣不曾見過的野菜登門，友人高興地把它當作珍稀之物，我更滿足於這樣的風土分享。

體驗了黃昏市場的精采，我當然更好奇，花蓮其他菜市場的內容。日後也走訪了幾個具有代表性的，比較這些地點的野菜，跟黃昏市場有何差異。

美崙市場就截然不同，儘管只是小小一條街坊，但漢原混雜，展現了食物多樣性。走逛其間，更微妙地感覺一種強大的生活力。這兒的野菜有著早晨才剛剛收穫的新鮮感。此地也少有旅遊氣息，生活機能更加鮮明，我彷彿更直接踏進野菜的世界。相較下，近年黃昏市場的野菜，似乎多了胭脂味，觀光氣息濃厚。

位於偏遠東南角的重慶市場，面積遼闊外，同樣饒富市井風物的魅力。我曾騎乘鐵馬，沿海濱的單車步道南下，特別到這兒光顧。東海岸最大的菜市場當屬此地，南北向長達一公里多，情景有點像台北環南批發市場。相對地，不少阿美族和小農個體戶，蹲坐在周遭馬路販售野菜蔬果，更讓此地的豐碩展現特殊風情。

市中心的公正街又是一種面貌，這兒比較像台北城中菜市場的氛圍，店家推出的物件偏向上班族走逛的需求。一些北部較昂貴的果物禮品，此地亦出現了。由於周遭就是熱鬧之街衢，小吃美食特別多，衣物飾品小攤到處可見。花蓮最精華的店面，多樣地環繞周遭。

但可別因其過度都會，疏忽了它的存在。畢竟此城充滿鄉野氣息，離公正街不到一公里之遙，周遭的田野可能就栽植著一些特殊物種，植物學者一時都很難查出學名。像晚近最in的食物，輪胎茄，它真的是阿美族祖先早就栽植的？還是自外地引進的？便值得好好細究。

有時，我們也會意外地發現某個個體戶，捧來此地罕見的果物，比如四處難獲的芝麻蕉，居然擺在眼前。更可能，一大盆的野生小番茄，有人竟以有機食物的內涵出現，才端出不久，就被當地識貨者搶購一空。

呵，這就是我的花蓮，沒有大山大海，只是一些菜市場的芝麻小物。旅行這些地方，道理如同外鄉人到台北旅行，必遊一〇一大樓和SOGO百貨公司。那是非得造訪之地，了

解花蓮自然環境的基礎。如果沒去走逛那等賣菜之風景，再怎麼太魯閣、七星潭，都難以道地。(2009.7)

阿美族賣野菜一定擺出醃漬的食物和辣椒。

阿美族賣的野菜沒準則，摘到什麼就賣那物。

仔細看這兒有大蝸牛、溪蛤和黃金蜆。野生的比養殖的多而精采。

澎湖的魚市和菜市

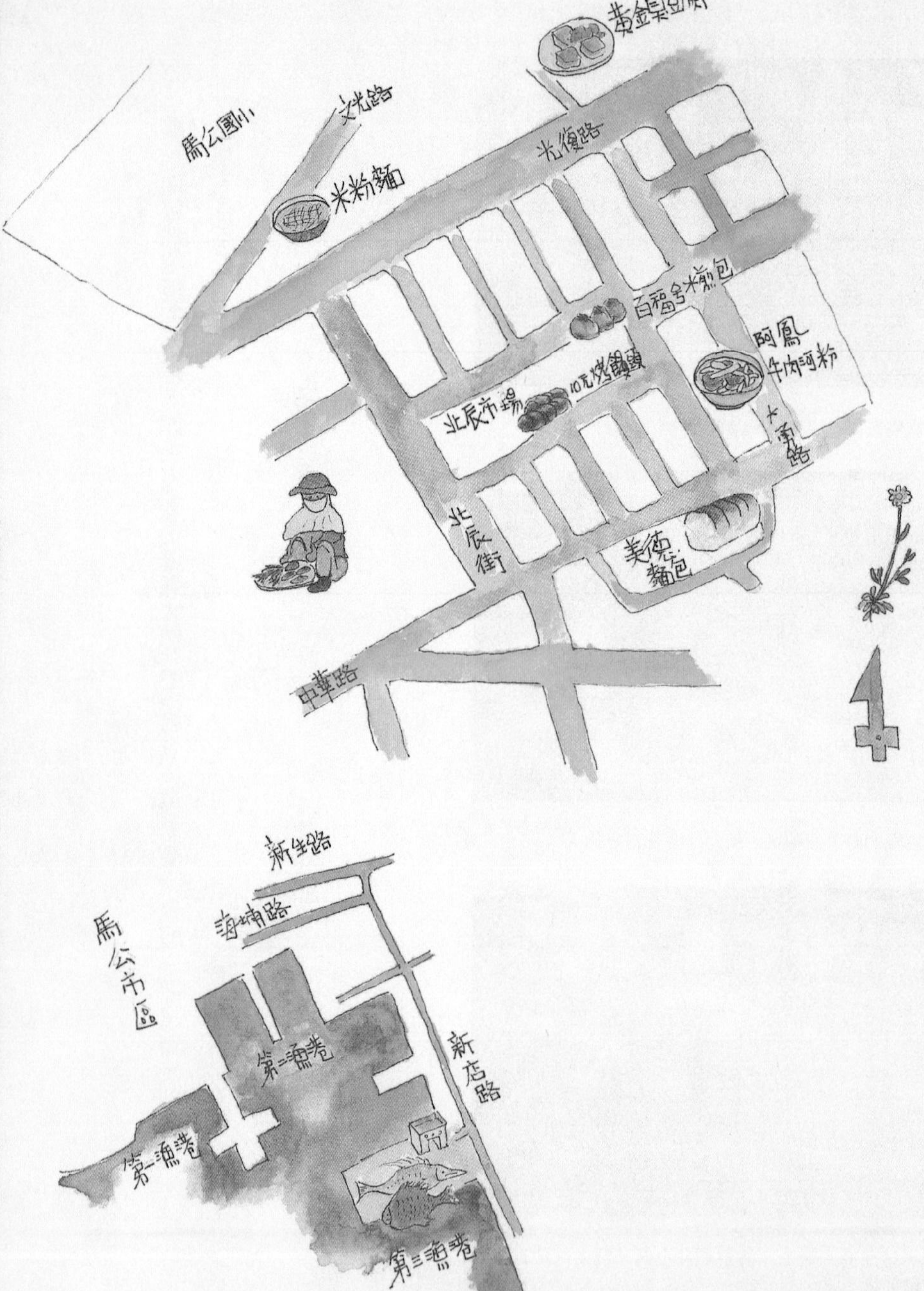
黃金臭豆腐
文光路
馬公國小
光復路
米粉麵
百福系米煎包
阿鳳
牛肉河粉
10元烤饅頭
北辰市場
北辰街
美德麵包
中華路
新生路
海埔路
馬公市區
新店路
第二漁港
第一漁港
第三漁港

馬公高中歷史老師張祖德問我，「只有短短的一個早上，你想去哪裡？」

我嚴肅地回答，「只要走逛馬公菜市場即可。從菜市場，我可以研判澎湖的農漁產狀況，以及自然環境特色。」

他已在此旅居十年，委婉地建議，「何妨一大早，到港口的魚市看看再說。」

地方嫻熟者如此提議，必有其道理。我欣然聽從，隔天六點一起前往。隨行的還有他要好的獨木舟夥伴，在地的海洋生物研究專家小毅。

每天清晨，第三碼頭總會變身為長達兩百公尺的開闊魚市。我一走近，馬上被熱絡的叫賣震撼。那是在台灣本島如今難得一見的漁港繁華，喧囂而忙碌的場景，讓人充滿生活的感動。周遭海洋資源的豐富和深邃，剎時彷彿濃縮在五顏六色的各種漁獲裡。任憑波濤洶湧，海水澎湃也都盡在此時，轉化為漁民熱鬧的交易聲。

在這座繽紛撩亂的魚市裡，魚種複雜而多樣，彷彿一般蔬

初次見識馬公魚市的喧囂還以為是幻象。

果攤位的琳瑯滿目，又充滿最原始的野性。許多澎湖人離開家鄉，謀生或負笈台灣，走進海產店，屢屢食不下魚鮮的心境，我終於可以了然。我心頭吶喊著，身為澎湖人的幸福，就是擁有這樣源源不絕的魚類資源啊！

我跟小毅興奮地稱讚，多年不曾見過這樣的魚市繁榮了。豈知，小毅卻對眼前的景觀有些失落，有著今不如昔的感慨。他含蓄地描述，過去比現今的市集面積更加遼闊，可以連接到漁船旁邊，現在僅及過去的一半罷了。他這一說，我有些錯愕。

小毅看我一臉不敢置信，旋即侃侃而談。在歡愉喧嘩的叫賣聲中，在奇麗多變的漁獲裡，我的耳朵邊，浮起近海箱網養殖的汙染問題，過度捕撈導致的環境變遷，某類小魚暴增所帶出的嚴重生態失衡，這類那類不尋常不穩定的海洋狀況，一口氣和盤托出。我的驚奇驚歎，逐漸變成驚恐驚懼。眼前如嘉年華會，幾乎天天上映的魚市活力並非虛假，只是，很可能是最後的一幕繁華。

於是，眼前一名漁民俐落地以五秒一尾，處理著大桶連皮帶刺的密斑刺河豚。在小毅的提醒下，我隨即聯想著，一定是沒有天敵，這種當地人稱為刺規的美味魚貨，最近才會暴增。

小毅繼續慨嘆，「如果繼續補貼漁船油費，只會造成更多魚群的消失。只有建立淘汰機制，無法捕捉的就放棄，改做其他行業，海洋資源才能永續。」

繞完一圈後，意猶未盡。繼續繞第二圈時，加入了高船長，一位捕魚四十多年經驗的行家。

他觀察魚類更加精明，哪一攤賣的是大陸貨，哪一攤是自己捕捉的，只瞧一眼，隨即了然。還有哪隻是垂釣的，有哪些又是網獲的，同樣可以輕易分辨。或者同樣一種，從色澤也能分辨來自深海或淺海。聽他現場解說，我才驚歎，原來看魚類如賞析玉石，需要長時間的捕魚本事。非我這類只懂鑑賞蔬果者，一時一季所能了然。

高船長跟小毅都有同樣的失落，「以前放下十八根魚鉤，收網上來時，每根幾乎都勾著肥大的石斑。你想看看，那是什麼精采的年代！現在有幾尾不知名的底層小魚就不錯了。」

這麼新鮮的鎖管，若非澎湖，還以為是國外進口。

只露出雙眼，這是典型的澎湖婦女裝扮。

張祖德跟我補充，高船長是富有的漁民，過去幾十年靠著捕魚，供養了幾位孩子在台灣讀書、買房，如今生活頗悠閒。但那是上一代的漁民，身手厲害，工作勤奮的，便有機會獲得老天的賞賜。如今捕魚技術再嫻熟，恐怕都只能糊口。

現在如是，但未來呢？這一問蒼天的無奈，高船長和小毅根本說不出答案。明天南瑪督颱風即將來襲，今天漁船紛紛返航入港，努力地卸貨。我抬頭遠眺，南方的海平線，一團龐然的烏雲。無法判斷明天颱風是否會登陸，只知眼前的魚市繼續非常熱鬧。

逛完魚市，張祖德開車載我到馬公北辰市場。

我注意到他保持在台灣公路開車的習慣，遂半開玩笑，「沒想到馬公也要扣安全帶。」

他邊找停車位邊悠然回答，「澎湖治安太好，警察要找業績，只好從交通著手！」

我抬頭巡望街道，凡摩托車騎士都戴著安全帽，比南台灣許多鄉鎮還要守規矩。

好不容易找到停車位，離菜市場還有百來公尺。這一走訪的前奏，讓我研判，馬公其實是個小首府，文教圈集聚的生活中心，菜市場應該有些繁華的規模。

果然，眼前的市集比台灣西海岸諸多鄉鎮更為熱鬧。竹東是桃竹苗地區傳統菜市場的旗艦店，結合了山區和平地的資源。馬公的壯闊，隨即讓我聯想，唯它足堪比擬。

馬公菜市場不過二三座，但此地的機能完整而豐富，好像就這麼一處就足以擔待。只不過，這一自給自足有些許蹊蹺。

仔細觀察蔬果，大抵台灣來的為多，本地的較少。顯見它非常依賴台灣的補給。蔬果貨物經過海峽輪渡的運送，價格往往上揚幾成。比如街頭邊，隨便一碗牛肉麵，價目都要八九十元，早就超越中南部，接近台北的物價了。

北辰市場的主角，大抵是魚類。更早時，我走訪過魚市，到了八九點，魚市的魚貨都轉移到此販售，繼續以多樣瑰麗的內涵展現。在北辰市場買魚，不像在台北，挑三撿四顧忌很多。海產之新鮮、豐富和便宜，仍足以震懾初來此旅遊的人。

街道外圍的彎弄窄巷間，小農散落不少。三五成群，孤單形影者皆有。多半擺放了簡單的菜豆、地瓜葉、紅心芭樂，或者蔥蒜之類，便席地而蹲。想像著，這些蔬果可能多來自咾咕石牆內的菜宅，心頭就特別溫暖。惟暑夏之尾，火紅者當屬瓜果類。南瓜、嘉寶瓜或者紅菱西瓜到處可見。冬季時蟲害少，相信葉菜類會更為多元。

我最好奇的當屬，三四攤豎著「澎湖雞蛋」紙板的小攤。裡面的雞蛋白色跟褐色的皆有，但不論哪種皆暗沉許多。市場秤斤零賣的，多數想必來自台灣，產期貨源不甚清楚，品質更難以掌握。澎湖雞蛋意味著在地、新鮮和安全，甚至是天然環境生產的。縱使稍貴一些，當地人仍舊偏愛。

澎湖花生也引發我的好奇。當地常見的大花生，或者當地人喃唸的小花生，種皮都帶有暗褐的條紋，外殼不易剝開。跟台灣通體一色截然不同，更無黑金剛之流行。海島土壤貧瘠，沙地廣袤，最宜花生之長成。其栽培方式和品種，更大有文章，但放眼觀之，除了籠統地做為觀光產品，土豆文化的論述卻異常稀薄。

每回到澎湖必喝的風茹草，在市集也一定會邂逅。偶有婦人戴笠帽裹長袖，拎著大包曬乾的藥草兜售。那是最在地的身影，彷彿才從野地歸回。更有當場煮好之現貨，供眾人品茗消暑。這一長瘦之草莖，其實台灣也有，但缺乏海風的薰陶，終難成好味。

有時我也會驚喜，竟有枕頭餅、冬瓜肉餅等在地糕餅擺出，或者如扁仔、丁香魚等乾貨四處皆有販售，展現此海島食魚文化的特色。這些都是特產店或商街較不易察覺到的澎湖，絕非石滬、浮潛，或者玄武岩奇景即能簡單代言，含糊過去。

澎湖的暗條紋花生自有生長的學問。

終於遇見婦人販賣風茹草。

一個離島的菜市場，活絡地展現依賴性和自足飽滿的內涵，正好反映了它和台灣不可分割的微妙關係。撇開其不得不的從屬，北辰市場真是澎湖的心臟。夏天時最熱力四射，但遊客往往疏忽了它的存在。惟我堅持，不到北辰市場，不算來過澎湖。(2011.10)

澎湖夏季以自產瓜果為大宗。

不用飄洋過海，澎湖在地雞蛋意味著新鮮、美好。

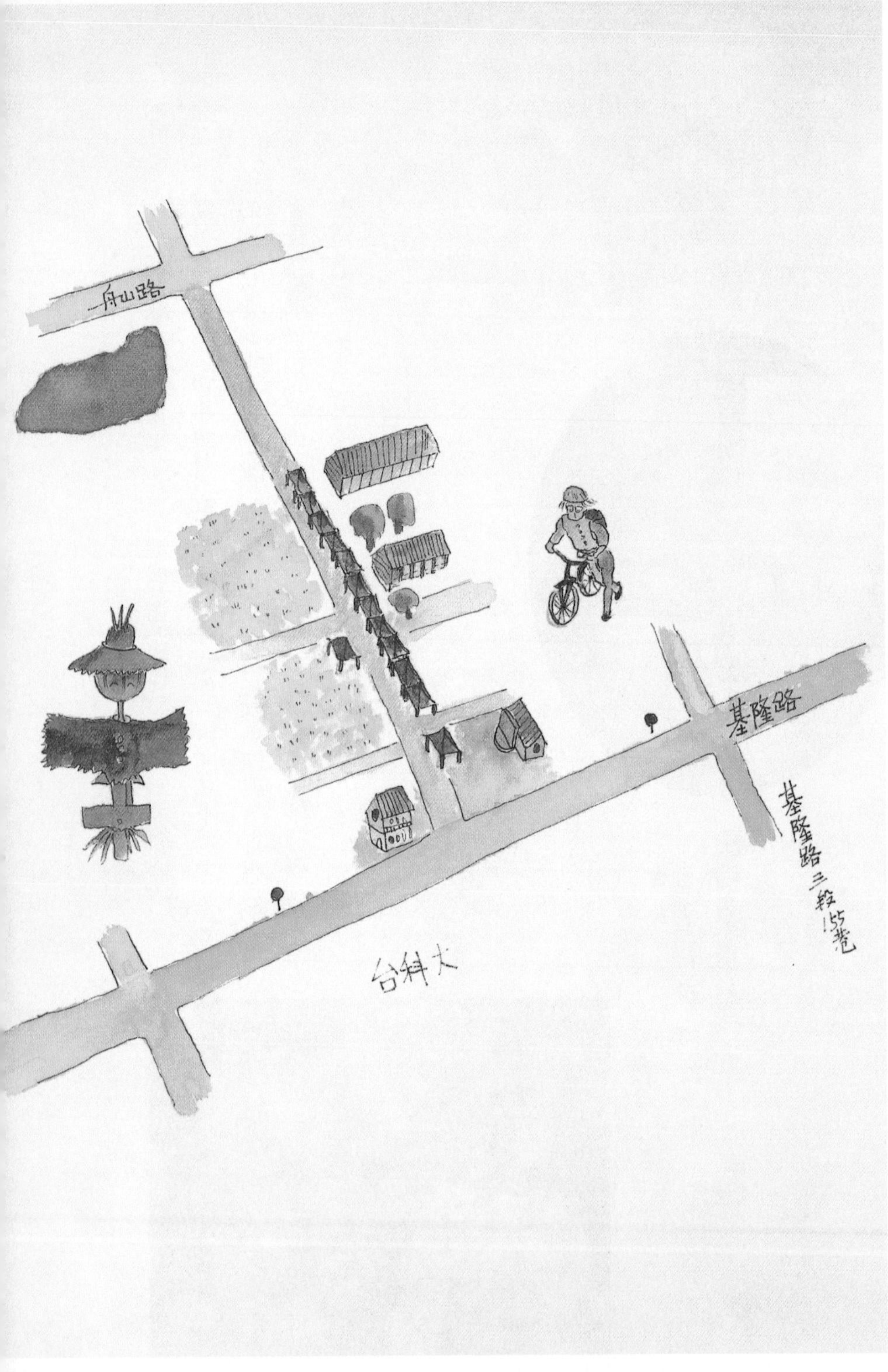

〔趨勢〕

農夫市集

建國百年五月，台大有機農夫市集終於開張。此一市集設立於台大農場的鄉間小路，排成長長一列，接近二十個攤位。靠近馬路的農舍，還有一處講座表演場地。場景遠眺，頗有鄉村氛圍。

一般農夫市集都在早上擺攤，它卻固定在星期六下午兩點，開始買賣交易。農曆春節前，我走訪此地，邂逅了不少友人。一些以前觀鳥的同好，從事環保運動的志工都在此出現。關心有機農作的朋友，也總有二三位。這一情形跟我在台中合樸農學市集、中興大學有機農夫市集，或者台北東區248農學市集所目睹的，大抵相仿。農夫市集不啻為生產和消費者的平台，更是生態環境關切者的資訊交流站。

我幾乎每攤都走訪，了解他們從何地而來。大約有一半來自台北盆地周遭山區，以內湖和北投為多。這兩地是我所熟知，台北嘗試有機農作較集中的區域。外縣市則有從桃園、苗栗來做買賣。最遠一攤，從大武山山下運來北部罕見的白玉蘿蔔。

台大有機農夫市集人潮絡繹。

二十家攤販大半都是販售蔬果，比例上算相當高，葉菜類尤其豐富。消費者縱使只看不買，他們依然客氣，樂於說明物產來源。除了規定的銷售條件，有些農夫還把自己栽種作物的信念，以及生產環境等等內容詳細列舉，張貼於海報，讓購買者更加熟悉。

主辦單位也要求，每一攤都得清楚告示認證文件，以免消費者未及辨明。好幾家都標示有機轉型期，足見台大把關十分嚴格，農作的栽作階段不得馬虎。一位農友認真地跟我強調，有三個相關單位不定期進行抽查。如果未達標準，將遭到嚴厲的罰款。從消費者立場，或許更依賴這樣控管的品質。

這兒也有規定，農夫本人一定得在現場，不得缺席。晚近農夫市集的精神，除了買賣友善環境的產物或有機食材，還包括了相關知識的溝通交流。消費者透過此一市集平台，順便跟生產者互動，了解其栽培理念和經驗。農夫們直接面對客戶，避開了中盤商的剝削，更建立人和人微妙的情感互動。想要了解今日市場的狀態，遊逛農夫市集，肯定是進入社會大學必修的一堂課。

此地已經開張半年多，再過一個星期即將農曆春節，購買的人潮頗為踴躍。我評估，一般市民的到來，並非全然被有機理念所吸引，而是相信台大的品牌，因而前來購買。雖有此小偏頗，但無論以何種方式接觸，市民還是會在買賣的過程裡，從攤位的認證以及情境內涵，逐漸了解有機農耕、自然農法，甚而認識農夫市集的奧義。

奈何，諸多理想頓成空。我的第一次走訪，竟也是台大有機農夫市集的終場。關於市集的夭折，台大和農友兩造各有說法，第三者委實難以評斷。只是此一事件不免引發我諸多感慨。

相較於中興、清華大學的市集營運，台大的市集算是遲了些時日。晚來不盡然是壞事，起頭兒的經驗生疏，難免跌跌撞撞。上述的諸多管理，顯見台大籌備期間，必然認真汲取了各地的經驗，企圖展現更好的質地。

綜觀全台各地的農夫市集，台大的市集可謂得天獨厚，據悉乃因政府挹注經費而催生。如今它的早夭，似乎道出農夫市集的推行不是一蹴可幾，也絕非投注經費就能收效。

自二〇〇六年合樸農學市集在大肚山開張，中興大學繼之，台灣的農夫市集逐漸奠下基礎，建立了良善的口碑，相繼在北中南東，遍地開花。一個地區，農夫市集可以如期每周舉辦，表示背後有一群龐大的居民認同，願意多付出一些金錢所得，獲得安全的食物。相對地，也有一群在地甘願辛苦栽作的

張貼的海報上，表達栽種者的諸多理念。

農夫，樂意友善土地，長期栽培安全的蔬果，才可能形成這個美好市集。消費者和生產者皆在此良性互動中，間接或直接地保護這塊土地。但我更期待，在此一交流裡，彼此亦能增長生態知識，探索生活的價值。

有機市集不能只停留在獲得安全食物的階段，應該有更多課程體驗和講座，隨著市集的出現而開展。中興大學和合樸農學市集都已定期實踐，台北的購買力和知識水平，應該有更大的生活論述，甚而興發前瞻性，關心食物的環保運動。

只是，從台大有機市集的寂然消逝，我隱隱感受到一個很大的不安。一路走來，這些由民間非營利組織所努力的成果，迄今面臨的挑戰，不再是民眾的生疏，反而是市集場地租金調漲、新興市集良莠與否……甚至，最大的隱憂，莫過於企業的插足，視為未來重要的商機。

緣於這些枝節的橫生，一些長期參與的人士，對農夫市集的未來，何以抱持不甚樂觀的態度，我似乎也有了相似的體悟。(2012.4重修)

遠眺台大有機農夫市集，頗有鄉村氛圍。

農夫市集的蔬菜少有如此大量堆疊的情景。

雞蛋

薑母

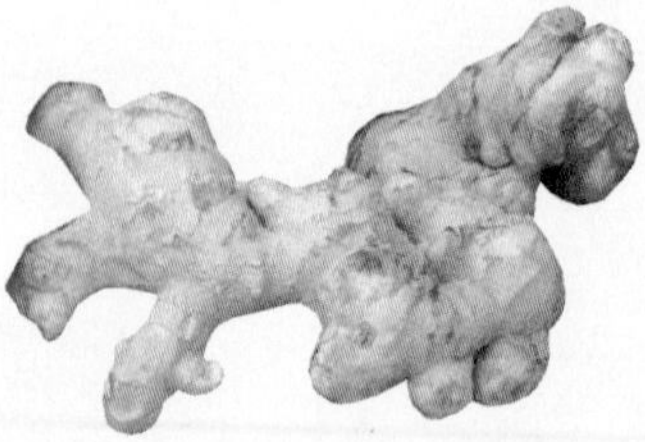

豆腐

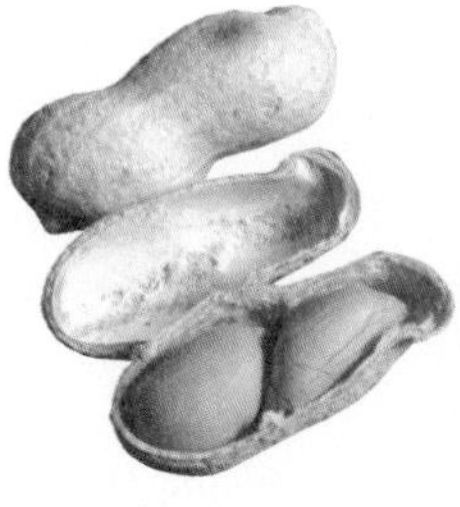

米

麥

花生

輯二

食材的意見

我的稻米主張

阿嬤在世前，經常跟我叨念，父親在我這個年紀時便跟她訴苦，種稻太辛苦了，希望離開村子到台中，邊打工邊求學。那時家裡還有叔叔和姑姑幫忙下田，阿嬤看他讀書意願強烈，遂答應了請求。

那時我才讀高中，對務農一事懵懵懂懂，無法理解種稻的辛苦，更難體會父親年少時的執意遠離。直到晚近走訪池上，遇見了一位年輕的種米達人，才恍然想起這段塵封往事。種米達人的母親在池上因栽種技術精湛博得大獎，被尊為米后。他則因城裡工作不甚得意，決定返鄉，承傳這一代代相傳的農耕。

種稻可以過活？

初次見面，我不免俗地探問這種蠢問題。他的回答很正經，審慎地告知，池上長年種稻，累積了豐富的經驗，一代傳承一代，晚近更共同分享栽種智慧。一位農民若善於田間

池上開闊的腹地代代傳承豐富的種稻經驗。

稻穗成熟時，農家待豐收。

管理，勤作筆記，結合優異的栽種技術，想要種出好米並非難事。

在地有機稻米專家、建興碾米廠老闆梁正賢跟我閒聊，同樣有此顛覆既有印象的觀點。現在農民若好學，勤於涉獵新知，友善土地耕作，再搭配合理的米價與產銷管理，日子可以過得悠閒，收入不輸公務員，甚而邁入年薪百萬俱樂部。

我在池上種稻期間居留，常見二三農夫集聚，但農閒時他們不像過去，扯談地方八卦，而是討論和交流著稻米知識。

以前種稻，除了辛苦，最害怕各種災害出現，但現今的農業技術發達，品種多所改良。許多稻熱病和病蟲害的發生，大抵能事先防範，減輕傷害。就算有颱風、缺水等不可避免的自然災害，選擇適當的稻種，合理用藥施肥，或者實行有機栽培，還是能克服諸多困難。

這年頭稻農們最擔心的，有時反是稻米過剩。每年若風調雨順，供過於求的問題隨即浮現。稻米一多，米價得順勢反映市場機制，米賤傷農的悲劇就會上演。池上米商為了保護稻

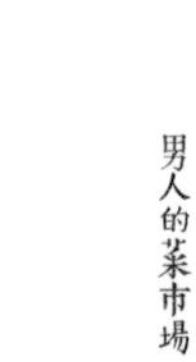

左圖有機稻植株間隔較寬，右圖慣行栽作的較窄。

農，不願意降價求售。但壓力甚大下，不得不著力於副產品的研發，諸如米味噌、米麵包和米冰淇淋等，試圖解決稻米過剩的困境。

現今飲食多元化，長期以來也間接導致稻米需求銳減的情形。早年多數人生活貧苦，很少有吃整碗白米飯的機會，經常是地瓜搭配白米，混雜著吃。現在大家若仍如傳統，每天吃白米飯，以目前台灣稻作面積，絕無法支持既有的糧食需求。但因速食業發達，麵食瓜分，吃米飯的人口大量減少，尤其是年輕一輩飲食西化，間接導致諸多休耕地的出現。

我的兩個孩子因求學，長時寄宿外地。心疼他們在外飲食，營養不均，品質堪憂。每次返家，內人總是費心張羅在家用膳。她常煮一鍋香噴噴的白米飯，搭配三四道菜餚。開動時，兄弟倆時而先吞一口米飯，然後滿足地說，還是家裡的飯好吃。看他們大口扒飯，而且常兩大碗還不滿足，真是美好的享受，也意外地成為家庭集聚裡非常重要的儀式。

為何回來時，特別偏好白米飯。我和內人討論過，原本以

左邊較早結穗的是有機稻，右邊是慣行稻作。

為是家裡的菜餚精心煮食比較可口，但後來仔細深思，可能還有一個重要的原因，以前一直疏忽。那便是，我們用了比較好的白米。

晚近幾年，台灣各地都在努力栽培各種好米。我們出國旅行常一併攜帶，當作餽贈的禮物。除此，自己也是食用一族，不時在各鄉鎮產地直接選購，更經常在農夫市集、有機店鋪，支持友善環境或有機栽培的稻米。相對於其他蔬果和肉類，有機稻米的價格和慣行的較為接近。購買無毒或有機米，不單企求健康，間接保護了更多傳統稻作的自然環境。

我們早已習慣，每次買回好米，盡快趁鮮烹煮，一起品嚐鑑定。這些年，掌廚的內人因而積累了一些心得。比方高雄一三九品種，涼了Q彈，夏天吃正好。倘熱騰騰上桌，口感黏軟，老人家也許喜愛，卻不合吾家口味。更不建議炒飯，愈是熱火快炒愈是粒粒難分。再者，香氣難封存，像香米、日曬米之類氣味勝出的品項，及早吃方能體驗。切記吃得單純，若是燴飯料理，不免平白糟蹋了好味。最萬用的品種莫過於台梗九號，口感適中，單吃、炒、燴皆很麻吉。

內人還利用各種鍋具烹煮米飯，大同電鍋、電子鍋、不鏽鋼鍋、鑄鐵鍋、砂鍋，都是探索的器材幫手。她在廚房玩得盡興，我則是喜愛研究包裝紙盒的說明。從耕者、產地、產期、等級到履歷認證，總會好奇的追探，甚至深究品種之特性和來源。

目前市面上最當道的米種應是台梗九號，米粒飽實而大，貯存長達半年，仍不失鮮味，傳說多吃可以防癌。但其他種品種的特色又何在？高雄一三九和高雄一四二有什麼差別？為何池上不選台南七十一號栽種？就像農糧單位不斷精進研發新的稻米種苗，身為食用者，我的稻米疑惑從未停歇，直想追求更好的答案。

學習認識稻米的品種，道理好比喝茶一樣。每款茶都有自個兒的特性，沖泡的水溫、時間多少歧異，甚至茶具也會影響茶湯表現。想也謬趣，品茗是風雅之事，衍生諸多講究，反觀白飯功在溫飽，遂長久遭受冷落。君不見，多數餐廳都是以某某菜餚、某某點心打響名聲，少見自豪於米飯。就連以豬油拌飯、滷肉飯聞名的店家，白飯都未必上乘或悉心烹煮。至於多數便當店的米飯，品質更是普通。

稻米幾乎天天吃，論關係談影響，遠比茶葉還重要。建議大家不妨先從幾種代表性的下手，諸如台農七十一、台梗九號、台南十一號、高雄一三九或日本越光米等等。認識各個稻米品種的特質，摸索出家庭最愛的口味，藉此亦能明瞭產地的風土條件，以及時下環境面臨的問題。

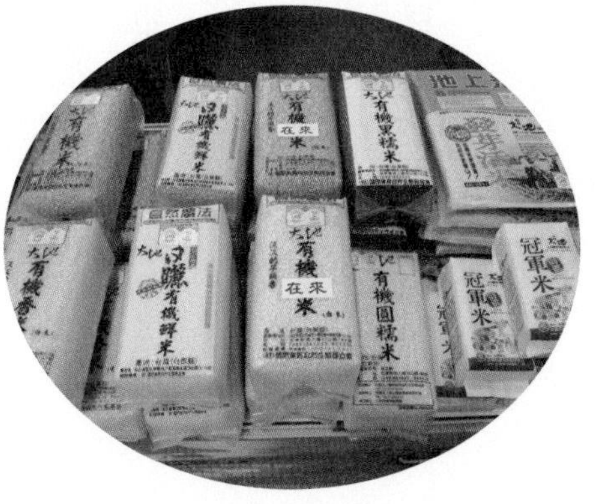

池上米帶動台灣走上追求好米的精品時代。

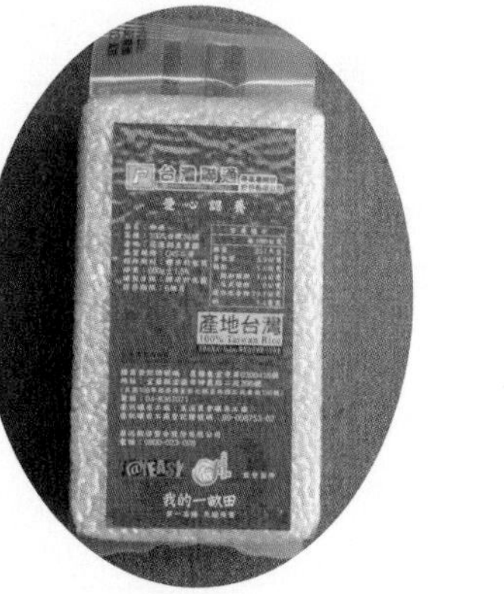

這是《找路》作者推薦的台梗16號好米。

說來好笑，前四種，我還歸類為心目中稻米的Ｆ４，越光米則是老牌明星。至於高雄一四二、台梗十六號，反而視為明日之星。我不自覺有此一分法，其實也反映了台灣稻米的與時俱進。新的品種，隨時會因應環境變遷而孕育，競爭之激烈，簡直跟流行歌壇一樣。

所謂稻米文化，我們常把責任放在稻農身上，端視其對待水田、耕作播種等等方法而論定。這是既有的思維，現代人應該抱持更具前瞻的生活態度，不應把種出好稻米的責任，完全推諉給供應者和生產者。相對的，消費者這一端，也該付出關心，用心跟米對話。

當我們對稻米產地和品種這麼在乎，小心地對待稻米時，我們追求好米的選擇也會逐漸內化為生活的條件。每回家裡端上餐桌的米，往往也有一定的質地。坊間自助餐或餐廳的米飯，不可能像家庭的講究。吃多了外頭的米飯，孩子自然會想念。回到家，品嚐睽違已久的好味，他們當然會驚豔。或許，隱約也有一種安心，家的滋味恆在。

惟吃米飯需要幾道菜餚搭配，自行炊煮一餐，忙碌的上班族不免吶喊，心有餘而力不足。換個角度思考，多道菜餚意味著多樣食材，營養均衡勝於一碗麵、一盤水餃。況且好好吃一頓飯，不只身體獲得所需養分，心靈似乎也能注入莫大能量。奉勸諸君，盡力實踐，或可考慮變通方法，譬如自己炊煮好米，配菜則購買現成的。畢竟便當的米飯總是過

量，如此可多添一不浪費食物的好處。

走訪各地鄉間時，不少稻農也跟我抱怨，現在的年輕人都不吃米飯，寧可吃速食和麵食，政府應該多輔導，宣傳吃米飯的好處。我的看法便略有不同，如果一個家庭願意購買好米，年輕人嚐到好吃的稻米，自然會成為他們生活裡非常重要的味蕾記憶。這等記憶是難以被其他食物取代的。種出好米，當從此一角度出發。

曾是農家子弟，如今喪失稻田。我對一碗米飯帶來的可能，不可避免地充滿濃郁的感情。縱然我的孩子遠離莊稼生活，但透過每一包米的慎重選擇，我試圖轉化家族的稻米淵源，繼續傳承某一型式的風土血脈。

我幽微地從食用好米裡，找到了如是美好的物質力量。買一包好米，不只是追求安全健康，還想建立一個家庭內聚的圓滿。我如是看米，也繼續堅持這一原則，購買良美的稻米。

(2012.6)

攝影家謝春德介紹的，高大結實纍纍的有機稻米田。

我的麥子鄉愁

我初次對麥子觸發激動感情，應該是看電影《神鬼戰士》時。片子一開始，羅素克洛扮演的男主角，手掌輕撫家鄉成熟的麥穗，我彷彿在哪兒見過。後來，終於想起烏日九張犁老家，五歲離開家鄉前，自己也曾目睹這等黃澄澄的豐收風景。

我已經許久沒有遇見麥田了。去年三月底，聽聞彰化芳苑的喜願麵包坊有小麥收割節慶，便以主婦聯盟生活消費合作社會員的家眷名義，參加了這趟活動。

內人報名參加時，猜想會有三四百人來此觀摩，怎知接獲行前通知時，赫然發現，參與人數高達七八百。可見此一以小麥為焦點的台灣雜糧運動，已經在不少人心裡發酵。

記得二三年前，曾經受邀台中大雅小麥文化節。那是在地人士思及社區發展，費心推動的活動。當時已行之四五年，參與的人數和熱絡氣氛似乎方有起步。不若現今，因為全球糧食危機更甚以往，關心雜糧的有志之士，聚集成一股不可忽視的力量。

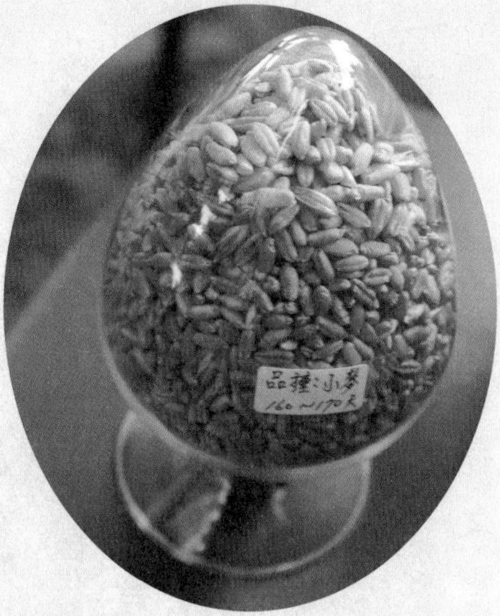

台灣的小麥品種有限，麥農遂積極留種和研發。

小麥成熟時，土地灑金黃。

麥子在台耕作已有近百年歷史，隨著時代變遷，不論小麥或大麥，斷斷續續皆有栽種的記錄。大抵上，分布以台中到台南間的一些稻作之地或乾旱的環境為主。六輕建廠的麥寮，鹿港南邊的麥仔厝，想必都是以前盛產麥子的地方，故而取名之。只是隨著政府的糧食政策，以及國際情勢的丕變，麥作的面積起落頗大。昔日曾有不少幅員的栽種，如今則是淪落到僅剩幾畝小地的窘境。晚近隨著能源短缺，氣候暖化，糧食自足等議題，傳統麥作的問題也才嚴肅地正式浮上檯面。

喜願麵包工坊老闆施明煌是近年小麥復興的重要推手。因為擔憂糧食自主問題，二〇〇七年他開始尋覓農友契作小麥。數年來，陸續吸引各地農友參與，耕種面積從一公頃增加到二十多公頃，地域則從台中大雅擴展至全省十多個鄉鎮。施明煌的「麥田狂想」似乎愈來愈不是狂想。

他的麵包工坊位於芳苑，緊鄰一塊稻田。二〇〇九年十一月稻作收割後，他嘗試著租下來播種小麥。惟首次播種即遭大雨襲毀，堅毅的他並未氣餒，再度撒種覆土，不到一星期，麥苗紛紛冒出頭。隔年一月，在綠油油的小麥田中，一場別出心裁的音樂會圓滿舉辦。來年麥穗再度飽滿了，此一節慶儀式盛大舉行，歡迎關心者來此聚會，認識台灣的麥作情形。大家也樂於趁此一機會，前來參與田邊開講的盛會，給予長年倡議栽種本土麥作的施明煌，以及參與契作的麥農們打氣，進而向他們表達至深的敬意。

早上抵達後，大家隨即遵循個人的意願，參與分組活動。因時因地制宜，各以農民市集、守護溼地、新五穀運動和年輕人下鄉等四大議題做為討論內容。這其中新五穀運動，吸引最多人的參與。喜願的工作人員在收割接近尾聲的麥田空地，搭起了幾座大帳篷。參與者各自搬了木椅就座，聆聽學者專家的講演。我們這一組的主要座談者，包括了農藝學者郭華仁教授、知名的小農賴青松、主婦聯盟消費合作社的黃淑德，還有幾位實務耕作的小農。

中午時，大家享用本土小麥製作的炒麵、麵包和爆米香。餐後，小麥田有許多在地兒童和獨立樂團輪番表演。三月底了，寒流猶旺，今日即冷颼颼的天氣。芳苑又接近海邊，東北風吹得呼呼作響，雖然參與的熱情滿腔，多數人仍不免時而躲在帳棚下避風。我和內人趁此一空檔，遊走周遭的田野。繞了一大圈，記錄了水稻、蒜頭、番茄、西瓜和花生等作物。

有些廢耕田還長著豐盈的牧草，也有廢棄的玉米田，小米菜偎集不少。小米菜喜愛在土壤肥沃之地叢生，這兒可能是我

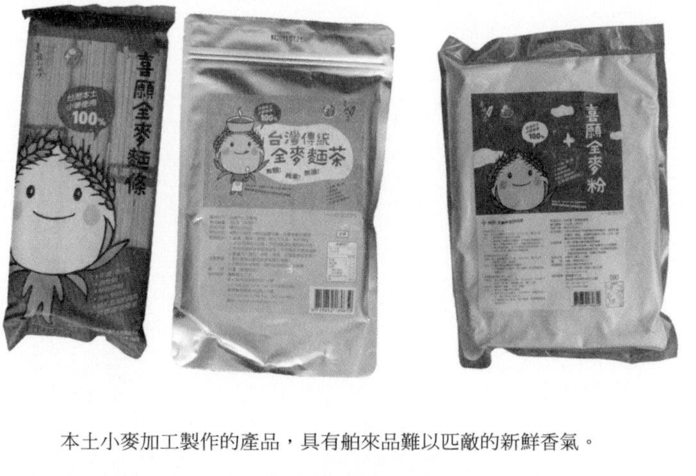

本土小麥加工製作的產品，具有舶來品難以匹敵的新鮮香氣。

麥田、音樂會、慶豐收，浪漫的土地和雜糧革命已不畏艱辛地開展。

見過最多的地方。連喜願的有機小麥田，都有小米菜從枯黃的小麥旁邊青綠地拔高，形成混合生長的美好情景。

後來，我們走回喜願旁邊的巷弄，繞進一家古色古香的三合院。剛巧遇見正在曬蒜頭的阿嬤，約莫七十歲左右。她有四個兒子，除了一位在附近的石油公司上班，其他都在北部發展。只有她和老伴仍從事農作栽培。阿嬤跟我解釋，自己吃的蒜頭，成熟後拔起，還要在日光下曬一二個月，才會好吃。若是用機器烘乾，很不自然，風味也較差。

沒多久，歐吉桑走出來打招呼，話題轉到小麥。原來此地過去即有載種小麥的經驗。我猜想，施明煌會選擇此地承租契作，或許也有這一考量。

阿嬤清楚地告知，他們種過小麥。收割後，多數交由農會收購，轉運別地，至於用途為何並不清楚。當年，他們最在乎，政府有無收購意願，如果沒有此一政策，下一期就不會再耕種。

這裡跟我的烏日老家一樣，都是二期稻作後，趁冬天空閒時才換為麥作。只是我家種的是大麥，收割後運到台中復興酒廠，釀製為食用酒精。此地種的是小麥，通常會留下一些，自己食用。

怎麼吃呢？他們利用磨稻米的石臼，將去殼的小麥磨成粉，然後注水調成麵糊，倒入鍋子煎成麥仔粿。阿嬤直說非常香醇好吃，神情盡是懷念。這般簡單的食物，竟有如此魅

力，當下我和內人不禁嚮往那現磨的麥香。此外，他們還會製作麥仔糊。同樣把新鮮麵粉加水調成麵糊，再一匙匙撥入熱燙之水，煮熟後舀起。甜的、鹹的，隨君歡喜調味。

隔周，我邂逅一位和美在地的老先生。他載我前往王功途中，聊起麥作時，興奮地跟我侃侃而談。年輕時，他也種過，跟我們老家一樣都是大麥。以前都會留下一點，混合著白米，或單獨煮成大麥粥，但沒聽說製成麥仔粿。

他的經驗讓我想起了五六年前，在台南府中街口。早晨常有一位老嫗推著小車，在石坊下販售大麥粥，一碗二十元。前些時，我造訪台南兩回，一大早都到府中街佇候，但都未等到，後來探問旁邊的商家。有位中年人經我這一提才驚覺，阿婆已經兩年未出現了。阿婆不在，我自是更加感傷。

此事更刺激我思考麥作的種種問題。我相信若遇到中南部的老人，凡是在鄉下長大的，應該都有麥作的經驗，或者吃過麥子。我們的鄉土教育目前只著重稻米，殊不知麥子也是我們早年經常食用的重要雜糧。日後，或許也該多樣創造這一類的社區節慶，帶動各地對麥作的重新認識。甚而，啟動一個檢討麥作是否值得回來的機制。(2012.3重修)

現在的孩童習慣麵食、麵包，卻不知小麥在台灣的卑微歷史。

我的豆腐思考

有陣子和內人經常在金華街一帶散步。公園旁一家有機食品店氣質脫俗，我們心存好奇，有天終於繞進店家。未料一進去，便被豆腐吸引。

眼前的豆腐悉心地放在榫接的木製模具上，從紋路和質地即知，那一定是上等的木料。再觀看那豆腐，色澤米黃，表面散布大大小小的孔隙，委實不如市售傳統豆腐細緻。側剖面粗糙更甚，凹凸不平。惟感覺內容結構相當紮實，如上好的清水磚。

多年前曾聽聞，某單位邀請一位日本豆腐師傅來台教做豆腐，當時要求參加學員事先購買三種材料，有機黃豆、有機棉布和檜木模具。這三種材料備便了，才可能做出安全衛生、風味道地的豆腐。

我緊盯著，剛好店主走過來，順便提問道，「這是檜木嗎？」

她聽到興奮地點點頭，「是啊，這是檜木。我們的豆腐是用有機黃豆做的，很好吃

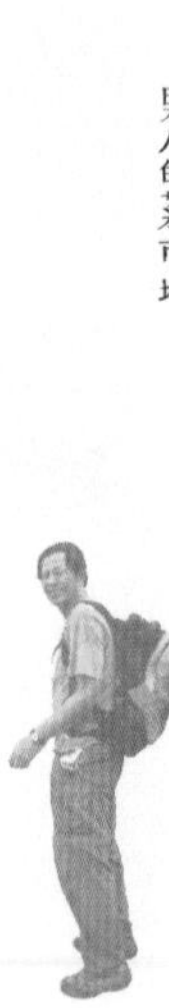

這就是我吃過最天價的豆腐，採用酵素凝固，有別於一般食用石膏製成。

喲！要不要買一塊？」

看來大家對製作豆腐的材料和工具都有共識，我猜想這家用的棉布一定也非常講究。果然，還未再開口，她已經熱情地解釋了。接著，繼續慫恿我購買，「我們的豆腐真的很好吃吔！要不要買一塊？」

我在超級市場看過非基改黃豆的豆腐製品，不過十多元。心想，眼前的豆腐說不定是店裡最便宜的產品，當下應允購買兩塊，從口袋裡抽出百元準備付帳。店主高興地遞給我，「總共三百元。」

乍聽下，我臉色雖鎮定不變，心頭卻是駭然。但已經出口，不好意思反悔。只好咬牙忍痛再抽出兩百元，買回這輩子見過最貴的豆腐。

回家後，內人將豆腐盛裝在瓷盤上，小心地分切，彷彿處理的是珍奇的起司。或許是太貴了，我們竟忘了它的滋味如何。一邊吃，我們也急切討論。這有機豆腐的成本理所當然不低，但是否也因少量製作導致售價趨高？傳統市場販售的板豆腐一塊只要八元，究竟真是物美價廉，還是另有不能說的祕密？話說回來，一塊一百五十元的豆腐，市井小民恐怕無法天天負荷，但想到菜市場的板豆腐，我們又充滿疑懼，不敢隨意購買。

一般傳統市場裡，販賣豆腐的商家，通常會兼賣其他相關豆類製品，諸如豆皮、豆角、豆干、油豆腐和臭豆腐等，而最重要的，最常見的景像仍是原樣的木板豆腐。以一塊塊木板，置放著白嫩的豆腐，層層堆疊在攤位販賣。有些心細的店家，還會在豆腐上覆蓋棉布，以示清潔衛生。

一板豆腐售罄，空蕩的板模便往旁堆放。等結束營業，再一起徹底洗淨，擱在空蕩處，讓陽光照曬，或任由風吹乾，準備隔天再度使用。

一塊豆腐的完成，除了黃豆質地良好，還需要好水、適當的凝固劑、壓製的木板模具和棉布，加上師傅熟練的手藝，才能製作出綿密風味的傳統豆腐。可是現今多數的豆腐，很明顯地在某些要素裡，無法達到此一起碼的水準。

先說棉布好了。若不採用有機材料或未經漂染的胚布，而是誤用了含螢光劑或甲醛的布質。接下的緊實包裹，沈重壓製的過程，你會安心嗎？

再說木板模具。通常用來壓製豆腐的模具，多半採用便宜的杉木。夏天時，陽光強烈照射，這些木板或能曬乾。若冬天或陰雨不斷的日子，恐怕都難以達到徹底乾燥的狀態。久而久之，木板不免滋生黴菌，形成不易消除的斑漬和汙垢，此衛生

市售的板豆腐，模具常有斑漬汙垢。

問題一衍生，更教人驚心。

檜木質地雖優於杉木，惟經旬累月沾溼，恐怕也避免不了黴菌伺便發威。對於這個棘手問題，金華公園那家有機店如何處理呢？後來我們方知，為了防潮禦霉，生產者還一度捱受過敏發作的危險，自行萃取天然漆，再細心塗抹在檜木模具裡外。

除了防潮難以克服，一般豆腐板都使用鐵釘密合，也常遭人詬病。豆腐包裹棉布的壓製過程裡，經常會擠壓滲出水分來。水和鐵釘接觸，易生黃汙鏽水，或有滲進豆腐裡。

做豆腐的人當然忌諱此一狀態。但木板不用釘子，恐怕只能使用榫接。如此一來，模具的成本勢必高漲，小本生意窮於應付，我們自然會吃到昂貴的豆腐。

難道沒有雙贏的辦法嗎？為此除了菜市場，我和內人後來走訪、詢問過好幾家豆腐店。身為生產者，他們跟消費者的我們，或許有不同的思考，但擔心的問題相似。新竹的豆之味豆腐坊採取了折衷的辦法，將清洗好的木板模具冷藏，藉此抑制

尋常做豆皮的工廠衛生堪憂。

細菌滋生。

新莊的名豐和花蓮的味萬田，兩者的應對之道，我們則印象最深刻。木板模具的確有好幾項優點值得青睞，比方質地輕、洩水性強、價廉，但為了解決衛生問題，他們還是放棄了傳統方式。選擇以鋼板取代，去除木板必然帶來的汙染問題。兼以環境潔淨的注重，製作豆腐的工作人員，不再走進過去髒亂如工廠的環境，而是進入如實驗室的空間工作。

當然，最根本的還是食材本身的安全和衛生。如今偏好豆類製品的亞洲國家，食材基本上都是使用外來的黃豆。眾所周知，台灣的黃豆幾乎從美國進口，大陸則泰半仰賴南美洲。這些引進的黃豆，基因改造的散裝豆居多，再篩選為飼料、油榨和食物三個等級。

我們所喝的知名豆漿，很可能都取自這等原料。只是在熬煮的階段裡功夫下得深，加上新鮮現飲，我們因而尚能品嚐出香醇。儘管現今的科學難以證明，基改黃豆對人體有何影響，但不少人愈來愈偏好非基改的製品。

鋼板模具較易清洗乾淨，但是超級重、成本高。

如果要購得非基改黃豆，勢必得付出更高的價錢。近年台灣有幾家豆類製品廠為了求得好品質，都直接跟美國廠商簽約契作非基改，食品級，甚至自然栽作的黃豆。大家咸信充分掌控原料品質，豆腐製品方能穩定。

既然講究了黃豆的品質，在意模具的衛生，這幾家新興的生產者，自然不會在製品裡添加抑菌劑、抗氧化劑、防腐劑，有的甚至連消泡劑都改為有機配方。如是層層把關，他們製作的豆腐風味勝出。價格亦在合理的範圍，不再動輒二三十倍。

從過去到現在，一方豆腐的質變，如實呈現了社會的遞嬗。晚近豆腐的改革之路，大抵呼應健康、原味、自然等意識的抬頭。雖然在豆腐龐大的生產量之中，身影極為稀寥，但這不一樣的豆腐，提示著諸多美好的傳統和未來。弦外的深層之意，或該是，現下這塊講究的豆腐並非改革終點。不少有心人士，在追求好物的過程，最後都直指黃豆本身。

黃豆是豆科家族成員，與其共生的根瘤菌，能固定空氣中的氮。早年有些農民在稻米收成後輪種黃豆，便是著眼於此綠肥之效。若有採收黃豆，除了自家食用，還可販售獲利。只是後來進口黃豆低價登陸，國產黃豆遂近乎匿跡數十載。

基於糧食自主、恢復地力等理念，二〇〇八年起合樸農學市集和豆之味豆腐坊，合作推出豆腐班課程。除了傳授豆腐知識、實際手作，最終目的在於推廣和實踐黃豆種植。這二三年我便也陸續聽聞，欣喜地得知，又有一某某小農，在什麼角落，開始種植黃豆了。

同道之人，頗有蔓延趨勢。

說來奇妙，最初是風土醞釀了豆腐，而今豆腐卻引領我們找回風土。呵，這一輪換，恐怕也是我們食用這家常必吃之物，或者思考食物安全，應該快樂面對的天職。(2012.5)

名豐豆腐廠的製作環境有如實驗室。

味萬田的豆類製品征服了我的味蕾。

我的雞蛋困惑

預定搭乘的高鐵還要一個小時，我步入旁邊新落成的百貨公司，走逛超市。一位女售貨員端了盤剝殼切成多瓣的白煮蛋，請我試吃她們公司的新產品。早上我已經吃了一顆，很擔心再吃蛋黃，膽固醇過高，因而婉拒了。但我跟她推辭的理由很糟糕，「我不吃白色的蛋。」

說完轉身離開，怎知售貨員並未放棄，追了出來，熱切地跟我解釋，「先生你可以不吃蛋，但不能只從外殼的顏色，評斷一顆雞蛋的好壞，這還要看飼料和雞的品種。」

我被這一小小舉止感動，勉強取了一瓣。試吃後，不好意思隨即離開，順勢駐足觀看，沒想到這一佯裝，竟注意到冷藏櫃裡蛋盒的說明。他們的雞蛋不只出產嚴格認證，還強調盛裝的容器，必須用環保材質的紙盒。海報裡更描述，紙盒可以讓雞蛋繼續順暢通氣，保持新鮮品質。對照旁邊的雞蛋，採用透明的塑膠盒，此一悉心包裝和理念，想必會

吃了其中一瓣後，凡雞蛋之種種彷彿昨日死。

相對加分。

我讀得仔細，售貨員見顧客誠心真意了，再次熱情地捧出一顆生的白色雞蛋，讓我端詳。只見蛋殼寬闊的鈍面，印有一小小的商品標誌、出產地點和日期，證明自己的品質新鮮。

我雖驚奇，仍未動心，開始回想小時買雞蛋的場景。以前媽媽在廚房忙著煮菜，沒法抽身出門，只好塞些零錢給我。囑咐我帶一個紙盒或塑膠袋，到巷口的雜貨店買雞蛋。我總是遵照她的意思，從米糠墊底的長形木盒中，挑選好看、乾淨的雞蛋。當時聽老人家提醒，一味的相信，褐色的就是土雞蛋，比較營養，因而盡量不買白色的。

服務員正要死心，我卻象徵性地買了一小紙盒包裝，裡面有兩顆，還拿了目錄。只見她展顏開懷，好像打了一場艱苦的勝仗。

才不過兩顆雞蛋，沒想到她這麼在乎，這一小小插曲，激發了我的興趣。回家後，認真地上網逐一查詢這家農產公司的介紹，又查看了其他雞蛋的相關訊息。去蕪存菁地整理筆記後，才赫然發現，自己對這一吃了五十多年的食物，認識寡淺又無知。凡雞蛋之種種彷彿昨日死，以前吃的好像都是另一顆星球的食物。今日認識的雞蛋，才是正港地球的。

我開始了，先有雞後有蛋的思考。

通常，每隻蛋雞從半歲開始產蛋，直到一歲半被淘汰，大約生產三百多顆。但我們平

常外食的雞蛋，會不會是打抗生素的雞所產下的？那隻雞是關在籠子裡產卵，還是在寬闊場地飼養的環境？還有牠產卵時，心情是快樂的嗎？平時吃的又是什麼飼料，會不會是激發牠生長產卵的藥物？突然間，許多食物安全和動物福利的嚴肅課題，都因眼前的雞蛋而起。

我進而有些大膽芻議，原來常吃的土雞蛋有不少是假冒的，久煮的茶葉蛋不利健康，生雞蛋真的不宜亂吃，現今認證的有機蛋比天上掉落的隕石還稀少。

一般雞蛋加了個「土」字，價格往往飆升三四倍。但它們很可能不是土雞蛋。以前在羅東菜市場，我即看過一個例子，三四位專賣雞蛋的老嫗，蹲在街口。她們用一個臉盆裝了一包包塑膠袋的雞蛋，都用米糠襯底，特別標明「土雞蛋」。裡面約有十顆，色澤不一，大小不同，喊價一百二十元，居然比有機商店的蛋高價。

我詢問她們這些雞蛋怎麼來的？她們說自己家養的。我想像，一般土雞整天在草地奔馳，不像蛋雞，日日吃好飼料，日

傳統市場販售的土雞蛋，真假難分。

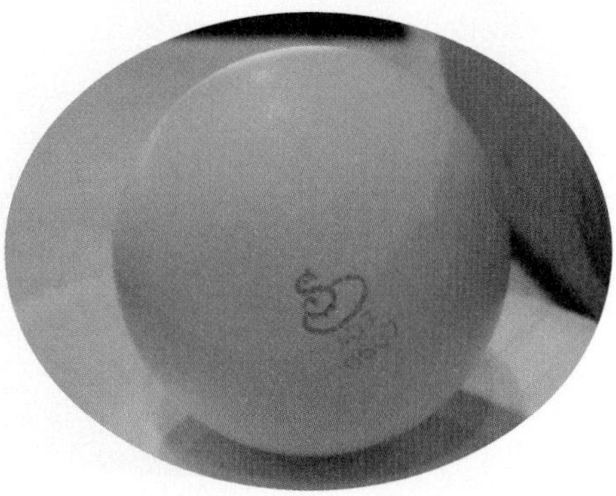

印上日期編號和LOGO，這顆蛋不誑人。

日可產卵。如是土雞一年生下的雞蛋，合該不會超過百顆。土雞蛋得來不易，一名老嫗的攤位若擁有四五包土雞蛋，分明有仿冒之嫌。

再說茶葉蛋，一顆不及十元，台灣每天少說都有七八十萬顆的驚人銷售量。此一龐大商機，人人都想競逐。除了小販，每家便利商店都有擺售。但我總是思量，這些為數可觀的茶葉蛋，意味著有接近百萬隻蛋雞集聚在島上，每天都在產卵，一年後又有新的一批接手。這些不具產值的蛋雞終將何去？而來源不斷的蛋雞，多半又是住在哪種環境？

前幾年網路盛傳，茶葉中的生物鹼、酸性物質和雞蛋的鐵元素結合，會對胃部產生刺激，不利消化吸收。因此儘管商家張貼CAS認證，出示茶葉蛋的食材履歷，那陣子我還是覺得茶葉和雞蛋的交集，彷彿舛錯的命運，不宜多食用。幸虧後來不少專家指正，茶葉蛋對人體吸收營養的影響程度不大。反倒是雞蛋

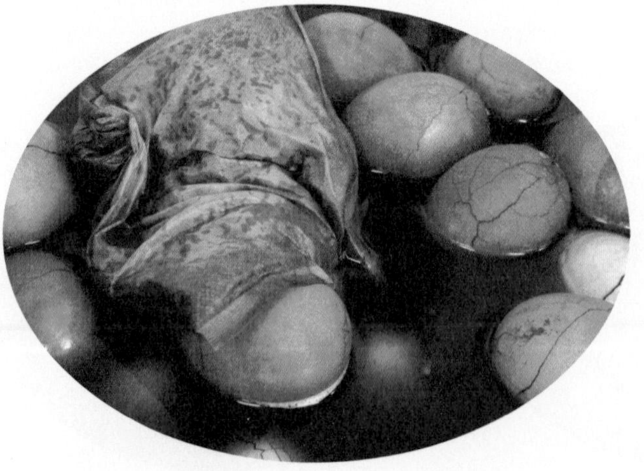

茶葉蛋龐大的商機，意味著為數可觀的蛋雞不停產卵。

煮過久，過分熟透才難以消化，而久煮的茶葉也會釋放有害物質。

不過，雞蛋真不宜生食。蛋殼容易沾染沙門氏菌，不小心吃進肚子，可能造成腸胃不適，引發腹瀉。其他病菌、寄生蟲、不易消化等諸多情形，許多醫師在各種媒體都警告多回，網路上也流傳不少這方面的警告信函，無庸再贅言述明。

我只再提醒，小心豆漿打蛋、蛋蜜汁、生雞蛋拌飯之類，半生不熟的食物，真不宜過度食用。還有生雞蛋潤喉、補虛，這類訛傳偏方，恐怕也得小心考量了。

有機法實施後，一顆雞蛋要躋身有機，可說一路「卡卡」。層層規範不只力求雞蛋的品質和安全，也保障了源頭的蛋雞過著某種程度的自然生活。牠們都是森林小學畢業，休憩的宿舍媲美自然家屋，注重通風、採光，不得採取有害的建材。一旦生病，先採用自然療法，行不通時才可由獸醫依規定施藥。最困難又傷本的在於飼料，不僅百分百非基因改造，還必須八成是有機飼料。目前台灣僅有兩家生產者通過有雞蛋認證，而且產量稀少。

於是，我們到主婦聯盟消費合作社或有機商店購買雞蛋，仔細端詳盒子包裝，除了關心紙盒的允當性，何妨注意它如何標示。相信有機此二字不會貿然出現，多半只是強調，這些蛋來自尊重動物生存空間的農場。這樣或那樣呵護雞隻，強調雞隻尊嚴的字眼，或許才是我們買雞蛋比較安心的內涵。

雞蛋啊，雞蛋！

此後，我不得不小心地面對眼前的每一顆。平常，買回家的食物，若附有履歷認證，不妨花點時間，查詢相關資料，多少能清楚它的產地來源和孕育過程。透過這個追溯，不僅了解生產者的用心，也是一種對食物的尊重。

我小心觀看那對百貨公司買回的雞蛋，整理醫師的好些忠告。晚近雞蛋顯然逐日洗清膽固醇過高的非難，但老年人還是一天一顆為宜。雞蛋好壞，原味烹煮立即展現。我當下水煮了其中一顆，另一顆，鈍頭保持在上，悉心地豎立於冰箱的蛋盒，明天想再試試水波蛋。

今之雞蛋已非昔日之雞隻所生，我也無法再扮演，聽媽媽的話，繼續做一位去雜貨店買雞蛋的孩子。(2012.5重修)

望著母雞帶小雞，不免思索起雞蛋的種種問題。

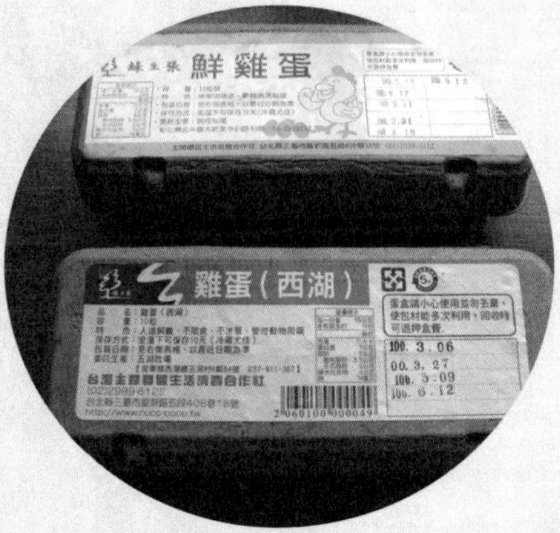

內人最愛主婦聯盟的雞蛋，好吃又安全。

傳統市場的雞蛋經常來源不清。

我的花生情結

前輩詩人周夢蝶生性淡泊，日常餐飲總是簡單，只要稀飯備便，幾道小菜即可滿足。唯這小菜可就講究了，其中若無此一食材，恐就食難下嚥。此物綽號長生果，花生是也。

我自己也喜愛花生。小時在烏日鄉下，民生物質困蹇，肉類難以獲得，花生遂成為佐餐的重要菜色。周公或我的鍾情，相必也跟這時的困苦經驗有些連結。

晚近幾年，多回在友人傅月庵家跟周公照面，酣談中，因為都喜愛花生，便常不知不覺，數十粒下腹，毫不忌諱上火、熱量過高，乃至黃麴毒素汙染等問題。

晚近邂逅台南新化某一老字號本土花生，風味遠勝數十年的經驗。有了此一驚異接觸，我更加好奇，過去是怎麼吃花生的，到底邂逅的是何種花生？費了一番功夫研究，我終於有些心得，很興奮地想跟周公，乃至跟很多吃了幾十年花生，仍不識花生的人分享。

一般市面賣的帶殼花生，大抵有蒸煮、烘烤和焙炒幾種。若是去殼的花生仁，炒、

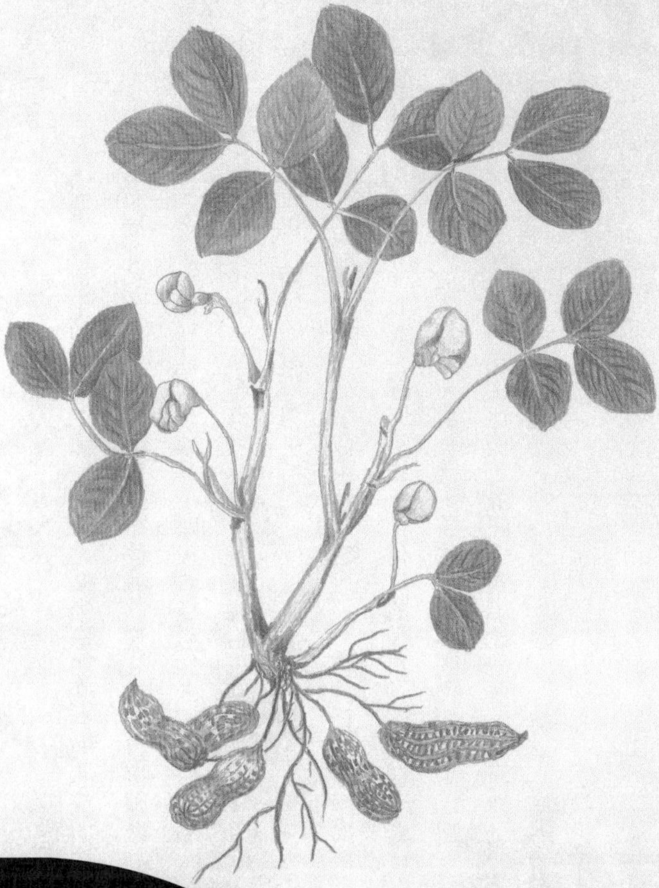

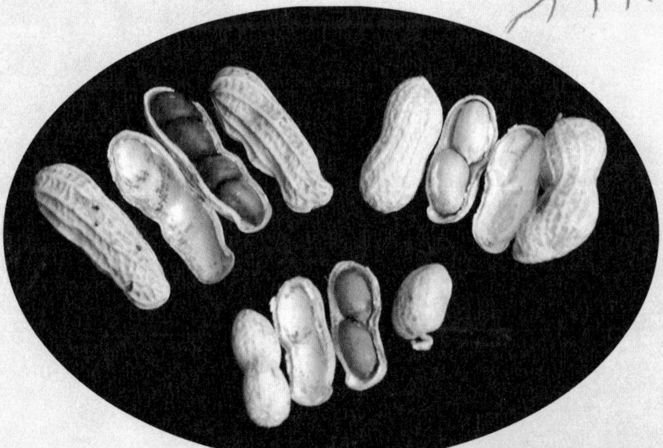

三種常見花生，黑金剛(左上)、十一號(右上)和九號花生(下)。

炸、滷、熬各有滋味。只是就搭配稀飯的角度，還是首推焙炒。

我因而也特別著意花生的炒焙過程。花生要好吃，除了料好，不出手工。從炒焙開始就不得馬虎。其要訣在於大鍋炒，火候夠，且出手快。但這一系列步驟還有一個重要的祕密武器。

以前母親買生的花生仁回家焙炒，多半是加鹽、加油或加蒜，常有局部炒焦之情形，或色澤不佳的狀況。若是直接跟廠商購買，多半是以機械大量滾炒，雖可避免焦灼，卻無法逸出醇厚的香味。後來，參觀過雲林某家老字號的花生店，才知道好吃的花生，焙炒的過程還真是嚴謹。

好吃的關鍵在於，必須取用細白的河沙。若尋覓不得，或可以海沙取代。這類河沙多取自天然溪床的乾淨沙石，淨土去泥後曬乾，再放入鍋裡。另一邊，首先將採摘的帶殼花生以鹽水洗淨，瀝乾。沙與花生比例，最好達到二比一。兩斤河沙，一斤花生。

水煮花生通常採用肥碩、多產的十一號品種。

花生田多在貧瘠土壤之地。

花生葉形橢圓、對生，容易辨認。

一大早，阿伯便採收了將近整桶的十一號花生。

接著，以溫火加熱炒整大鍋的河沙，期間鐵鏟不斷的翻動，讓沙子均勻受熱。沙石導熱甚快，沒多久即沸熱。緊接著，再把帶殼的花生放進沙堆。河沙可以讓花生受熱較平均，不會燒焦。熱炒個三四十來分，聽到嗶剝響即可大功告成。順此經驗，不帶殼的時間當可更快些。

河沙所炒熟的花生味道，跟現在一般用油炸或烘烤的風味自是不同。這種古早時候的炒法，因為需要大量的力氣，一般說來價錢比機器轉動貴上許多，只是手工滋味總是比較貼心。後來比較一家強調有機的花生，同樣沙炒，風味卻是平常。何以如此？河沙比例不對，鏟沙力氣不夠，都是關鍵。可見沙炒的過程，每個環節都不得馬虎。

此外，我們有時吃花生，不小心會含到蹦進花生殼裡的細沙，多半充滿不解的困惑或錯愕。倘換成我這樣的思考角度，或許該充滿感激。若一路吃花生，竟無沙石橫擋，或該悵然若失吧。再者，用過的河沙，還可不斷重複使用，很符合環保精神。

雲林北港是花生造詣最高之地，常擺出大桶包裝的帶殼花生。

除了對炒花生的過程感到興趣，我對花生的品種也有莫大好奇。花生品系甚多，適合油榨、加工的皆有，我因而愈加想了解。

一般市售的去殼花生，多半不好辨認出種類，唯有帶殼的，方能研判出品系。台南十一號目前是使用量最高的品種，市場占有率高達百分之七十，顆粒大而且量產。我們所熟知的花生油、花生糖和罐頭製品的土豆仁，幾乎都是以此一品系為主。黑金剛花生則是後起之秀，各地市場普遍垂青。

我最喜歡的卻是產量愈來愈少的台南九號。外貌顆粒小，長相樸拙，外殼網狀紋模糊，不若黑金剛或十一號般深刻、討喜。但絕不要以貌取豆，等炒熟了，筴殼薄而易剝，籽粒飽滿完整，色澤肉紅，往往會顛覆你的印象。

我這樣稱許，它到底是何方神聖呢？它是台南改良場於一九六六年，試驗成功後選出的品種。四五十年了，相對於其他，泛稱為本土花生。或許沒有十一號或十四號的大莢果，卻是鹽炒的最佳選擇。

九號花生殼薄粒實充滿飽滿之感。

市面上賣九號花生，每公斤價格往往略高於十一號。一來，量產不多，不及全台花生的十分之一，跟黑金剛相似。二則，栽種後的收穫，往往不若十一號的穩定，每株結果完好量亦不及後者。

傳統菜市場是少數有賣九號花生的地方，有時老闆不會特別標示，你必須特別強調，他才會取出。不然，往往以十一號優先。雲林北港是花生造詣最高之地，沿著媽祖進香之道，兩邊店面最常擺出大桶包裝的帶殼花生，幾乎都是九號的天下。十一號只能當花生油之類的用途，在此是見不得世面的。若有發現，一定是蒜味的，藉此增添口味。

九號花生天生麗質，不需如此加料。咀嚼時，有種熟悉的親切之味，且花生香氣濃郁，若能選購有機品種，再以乾淨的河沙適當焙炒，粒粒都是天然美味。我最愛喝茶聊天，以其做為零嘴。至於搭配稀飯，相信周公若吃到上等的台南九號，想必也會認同我，人生幸福盡在當下。(2011.9)

手炒花生滋味香醇。

機器烘炒的十一號花生勾引不了我的樂趣。

我的青草茶釋疑

以前時節一接近暑夏，販售青草茶的攤販便與日俱增。現今天氣愈來愈熱，擺攤的更甚以往。中南部有些地區，甚至一年四季都有青草茶的蹤影。

通常一杯青草茶要價二三十元，夏天炎熱，生意更是特別好。有些風景區販賣青草茶的攤販，夏日一天的收入，竟可高達兩萬元之譜。龍山寺青草巷街頭，便是著名例子，好幾家都宣稱，自己是台灣最熱賣的店面。雖說受到歡迎，賣青草茶的，仍多為小攤小販，或者青草藥店兼賣之。

古老傳統的青草茶，既有代代承傳的美好認知，更有歷久彌新的內涵。除了解渴、清熱、降火和消炎等習熟的功能，晚近也經研究證實，部分常見的青草，具有優異的抗氧化活性，比一般蔬果高達十倍以上。論優雅、浪漫，青草茶確實不若西洋花草茶，但身處溼熱的南方之境，借助一杯青草茶，緩解身體的暑氣，還真是難以取代的妙方。

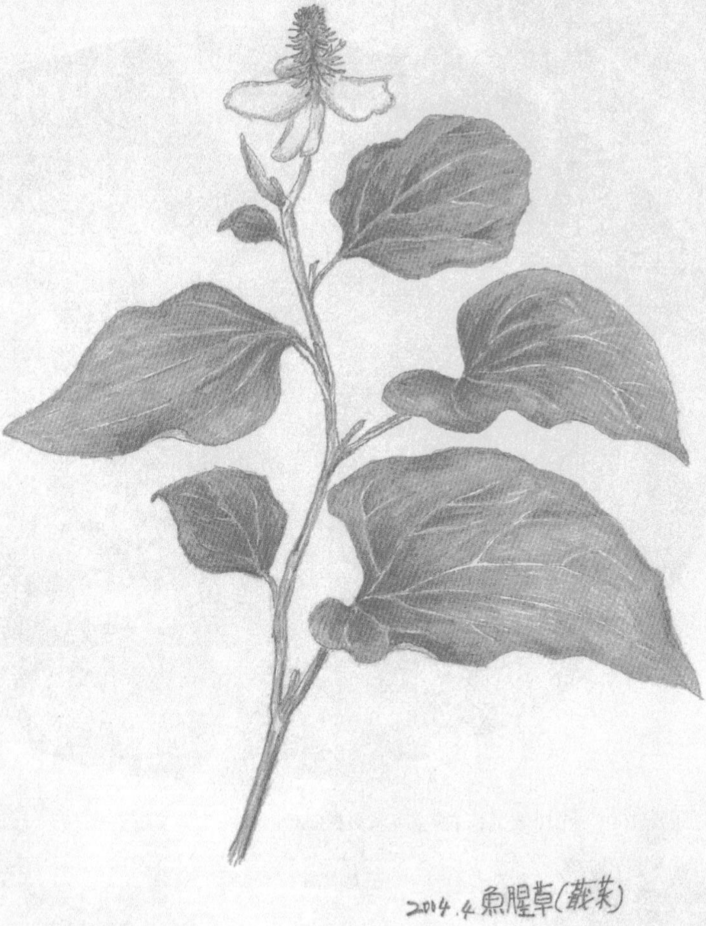

賣青草茶的，多為小攤小販規模。

龍山寺旁的青草茶巷，我最愛走逛。

黃花蜜菜是青草茶的要角，未曬乾一斤可賣達上百元。

推本溯源，凡草本熬煮無毒的茶飲，皆可稱為青草茶。不過在台灣，青草茶另有狹義。常年來不知如何演變，漸有一既定口味，自成一款茶飲。大抵以仙草、甘草、薄荷為主要基底，再摻入幾種店家各自的祕方。青草茶有好幾個相關的俗稱，常見如涼茶、苦茶和百草茶。這三個俗稱，我則有如下見識：

涼茶一詞，襲用於廣東、香港等地。涼茶之義，貴在青草之特性。此「涼」更充滿休閒懶散之意。喝這茶是急不得，生活得緩一些。早年涼茶是喝熱的，要在涼之前喝掉。後來因應現代生活便利需求，發展出冷藏瓶裝，真把「涼」實用化了。

涼茶之於廣東人，一如青草茶之於台灣人。皆為利用草本的屬性，熬煮成養生的茶飲。又因自然生態、生活文化的歧異，各自拓展配方，流傳於世。在命名上，我們選擇了青草茶這般中性的通稱，廣東人卻採用了彰顯功效的「涼」字。

廣東人不只把這個字深化且廣化，在藥草的飲用上，也跟現代生活緊密結合。君不見，灣仔商業大樓林立下，小小的涼

仙草口味甘甜，各家青草茶必添之藥草。

茶店占據一黃金店面或街角醒目一隅，都告知了涼茶的庶民化和重要性。

苦茶之義，盡在「苦」字被人深刻了悟。有些草本具苦味，療效的功能更脫離不了這個苦字。苦茶所擇用的幾款草本，直樸的苦味便勝過一般青草茶，降火的速度也較快。坊間偶見濃茶、薄茶，即苦茶和青草茶的簡易區分。

至於百草茶，實為青草茶之轉化。其意講得更明白，乃混入諸多藥草。青草茶很少單一燒煮，如今流行的常有十來種，甚而有外來香草植物加入，注入其現代的繁複性。

台灣本土可以供做青草茶原料的藥用植物，大約有兩百種以上。經常被使用的，約莫近一百種。不論哪種，都是我們的祖先透過長期在地生活經驗的累積，再篩選出不具毒性，而且藥效溫和的植物。這等知識的累積，包括了往昔對岸的藥草經驗，也結合了各地原住民的生活智慧，繼而有外來種植物的摸索。

前幾年走訪兩岸三地，做了一些比較，我便對照出不少落

除了避邪、製粿，艾草也是青草茶常用的材料。

差，簡單舉例如咸豐草、肺炎草、黃花蜜菜，乃台灣常採用之藥草，在廣東卻未受青睞。反觀之，狗肝菜、野葛菜、火炭母草和白花蛇舌草則在廣東大受歡迎。

如今台灣市面上販售的青草茶，大多含有五種以上的藥草材料。不同區域使用的青草茶，依生長環境種類自有些不同。譬如南部常用黃花蜜菜、中部採集肺炎草、北部則偏愛魚腥草。再者，縱使同一小鎮的青草茶，每家的使用種類也不盡一樣。各有祕方，不輕易流露。

不論青草藥種類為何，過去的田野調查統計，目前七種當紅的材料分別為：鳳尾草、黃花蜜菜、車前草、金絲草、魚腥草、薄荷和咸豐草。除鳳尾草外，其他六種在住家庭院、安全島和公園環境，都隨處可見。

鳳尾草使用量最多最廣，幾乎每種青草茶都有它的身影。南部甚而以其為主角，獨排他物。北部雖未突顯，野外卻常見摘採。原來此物偏好棲息於乾旱淺山的林子，而西海岸這類的丘陵環境，從南到北還真不少。以其使用量之高，我相信現今

北部環境潮溼，魚腥草茂發，利用遂多。

鳳尾草是台灣當紅的青草藥之一。

尋常淺山即可發現鳳尾草的蹤跡。

已廣泛栽培。

目前當紅的七種，都具有常見之解暑、利尿、清熱等基本功效。其中好幾種都帶苦味，譬如鳳尾草、咸豐草。市面上販售的青草茶，通常都會加糖調味，而且低溫冷藏。但老人家都說，不加糖的青草茶，少了熱量負擔，更見清涼退火之效。

以前人家生活物質不豐，青草藥的配方自是隨性，多用單方原料，或二三簡方熬煮。譬如鳳尾草加咸豐草，我最常聽聞，絕無今日市面的繁複。一般人在野外採摘，熟識的藥草多屬涼性。但也有少數屬於溫性的，諸如仙鶴草、通天草等，不見得人人識之。

一般老嫗為何不經醫師指示，便敢在野外摘採，回去即依自己經驗熬煮。其實也非她們嫻熟藥草的比例，而是多數青草藥性互相不衝突，效果也差不多。只是任意調配的口味，可能不見得好喝。

按此道理，如果認得藥草特徵，在路邊安全島上，相信任何人都很容易就能採集到五種以上的材料，回來自製青草茶。只是馬路邊不免有農藥噴灑和汙染等問題，聰明的人絕不會做此傻事。

我最喜歡走逛的青草店有二地，除了萬華龍山寺旁，另一處是大稻埕永樂市場周邊。這兩處老城區的青草鋪，無疑是北台灣最大的集散地。走逛青草店，檢視青草藥材料，乾燥藥材往往較少，多以新鮮原料為主。仙草是較為特殊的，雖說新鮮亦可熬煮，但材料偏向陳年。保存兩年以上的仙草乾，拿來煮青草茶，更能突顯風味。我們因而常看到仙草枯枝綑綁成包，在傳統市場販售。

早年各家青草茶的處方，往往明白指陳藥草的種類。但老闆都不會說出正確比例，後來甚至連組成的青草藥也不太想透露，彷彿怕洩漏獨家祕方。此一不露口風的嚴謹，一如西方的可口可樂，配方被視為商業的絕對機密。但我亦嚴重懷疑，很多精采的配方，都是在此一審慎的顧忌下失傳。

一般人若嘗試調製清涼退火的青草茶，大可採用網路資料裡指示的處方，嘗試挑五六種青草。不一定非得迷信，用到二三十種之多。在鄉下，有些老人常年都採用一二種熬煮，還不是甘之如飴。

其實比例重量都是參考值，青草藥的品質，熬煮過程更不可輕忽，若無豐富經驗，縱使給你相同的處方，不同人熬煮出來的口味，還是會有些不同。

青草茶也不能喝多。有句半開玩笑的青草茶俗語，相當值得飲用者參考：「小補固肝，大補顧山」。此意昭然，喝多了身體反而出狀況，真會抬到山裡去看山了。

青草茶雖跟養身護體攸關，但青草茶目前是一般食品，非藥品，因而係受《食品衛生管理法》約束。弔詭的是，其功效只能用嘴巴講，不可以白紙寫黑字，標示療效提供索驥的訊息。

這一阿嬤時代的可口可樂留傳多年，雖不登西方醫學的殿堂，在日常飲用上卻從未徹底消失。青草茶是什麼，我自己這麼一路走訪，隨興了解，倒也清楚發現，它所面臨的處境。此一古老飲食生活的智慧結晶，原是每位台灣媽媽多少熟悉的領域，如今卻產生嚴重斷層，囿於傳統市場或固定地區。

我如是懸念，青草茶內涵未被重視，應從傳統文化、環保生態或從生物科技、醫學治療等角度，多所探索與記錄。所幸近來，在雙連捷運站附近，欣見一嶄新明亮的青茶草店。此乃採藥人後代、園藝治療師等共同催生的店鋪。這群人不忍青草茶這類台灣庶民文化沒落，希望透過自家熬煮的草本茶飲，吸引年輕的族群青睞，進而產生對話。

望著一一上門的客人詢問茶飲滋味、青草屬性，甚而開課內容，我明白，青草茶的復興之路終於啟動。縱然微小，卻滿懷憧憬。(2012.5重修)

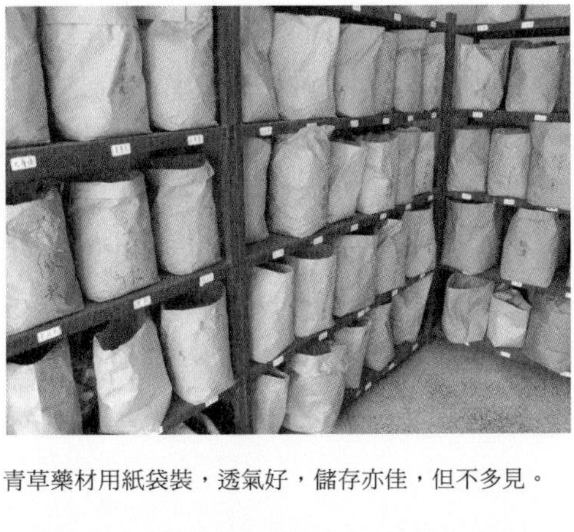

青草藥材用紙袋裝，透氣好，儲存亦佳，但不多見。

我的紅花米探索

經過台中護理專科學校時，一排佇立圍牆的柚木老樹，伸出蒼翠繁茂的肥厚大葉，在陽光中亮麗的搖曳。它們的寬大明亮，讓我想起了一件事。

網路上，晚近流傳一則訊息，有人接受採訪時，透露了早年製作紅龜粿的紅，主要乃取用天然的柚木色素摻雜進去，而非人工合成色素。

想到此一內容，我好奇地摘下一片，再從地面撿拾枯掉的落葉。回去後，兩片都仔細搓揉。但再怎麼用力，都摩挲不出一點淡紅的色澤。

徒勞一陣，很不甘心，繼而翻查書本，但如何翻找，都無書本提及。日後，有機會在台南取得胭脂樹種子，試塗之，果真紅潤，這才確定此一濃郁色素的存在。兩相對照，我猜想，大概是現今流行「天然ㄟ尚好」，有人或把柚木誤當胭脂樹，瞎掰了一個生活故事。

胭脂樹果實可萃取天然紅色色素。

合成色素紅花米做出的粿品。

紅麴菌富含天然色素。

人類創造的紅花米色素。

只是胭脂樹或柚木，都非在地原生樹種，多於日治時期大量引進。但台灣人使用紅色色素早已行之二三百年，凡湯圓、壽桃、紅蛋和紅龜粿等糕點米食，都得仰仗。這樣對照年代，相信古人使用的，絕不可能是這兩種植物。

那麼我們吃了大半輩子，吞進肚腹裡的紅色色素，到底是什麼呢？去問鄉下的阿嬤，她們會回答說，那是紅花米啊！

紅花米又是什麼，植物嗎？我到菜市場的雜貨鋪認真追探，原來只是一小包的合成食用色素，一包不過十五元即可買到。我們現今一般常吃的糕點米食，都是摻雜了這種玩意，讓成品鮮紅欲滴、色澤發亮，散發喜氣。

但這種廉價的色素，乃化學合成的現代產物，醫師大抵以為有礙健康，愈紅愈教人擔心。緣於此故，最近有一單位正在研發，嘗試以紅麴萃取的色素取代。可惜的是，紅麴色素的紅，往往偏於暗褐之色。試想想看，這等彩度的湯圓和紅龜粿，如何吸引一般人食用？

我悲觀地臆測，想要看到天然的鮮紅，恐怕還得再等待一段時日吧。但我又想到，不對啊？更早以前，沒有人工合成色素時，米食糕點鮮豔亮麗的紅色，又是從哪兒來呢？

其實，所謂紅花米，確實是有這種菊科的植物。它就叫紅花，以前的人習慣採集紅花花瓣做為染料。其花瓣枯萎後，固定收縮如米粒，故而稱之。

只是紅花不產於台灣，主要分布於大陸，諸如河南、四川、雲南等地。春末夏初之交，花冠由黃變紅。農婦可擇晴天早晨，露水未乾時採摘，晾乾或曬乾。

早年台灣傳統的糕點美食，或許就是靠這種菊科小花製成的材料，搭船飄洋渡海來染紅。抑或者，日後胭脂樹引進，在中南部普遍栽培，遂有採其果做為染料者？

我的疑問，或許有一二明晰的方向，但答案還是未知數。(2011.7)

常見的湯圓大都利用紅花米染色。

我的甘草領略

前些時在台南，享用青綠帶紅的黑柿番茄時，對甘草產生了好奇。那天店老闆端出大盤番茄時，旁邊還附上一碟自家醬油膏，上頭添了薑泥、白糖和甘草粉。開始動用叉子前，四種調味料先得混和一起。店老闆特別強調，四種調味料的比例要允當，任何一種多了，風味都會走偏。比如甘草粉太多，可能沾食後，就會苦味盡出。

後來友人更告知，除了番茄，其他水果拼盤也採用這四物調味。台南老城區的水果行，無一不是如此處理沾醬，搭配色澤鮮美、果肉肥碩的水果。若無此沾醬的點畫，水果再如何高檔，恐怕都相形失色。

從水果拼盤的認識，我才驚覺自己對甘草的深刻印象，大抵都在童年。那時最喜歡到柑仔店，從某些愛吃的零嘴裡，我都清楚感受甘草扮演了吃重的角色。比如，以李子和甘草絲等結合的甘草梅。酸澀的李子拌和著甘草絲，隨即顛覆了我不喜愛李子的偏見，那是

我在絲路旅行時記錄的甘草全株。

甘草是最佳配角，善於襯托出主要食品的內涵。

一輩子都忘不了，甜美的甘澀之味。

還有甘草芭樂，添加了適量的甘草粉醃漬，風味與香氣都陡然增加。但父母親屢屢提醒我們，那食物少吃。至於為何顧忌，孩提時的我當然不甚清楚，現在自是明白，可能擔心店家醃漬的過程無法讓人放心。

如今常在街上看見甘草芭樂招牌，看來不少人懷念此一古早味。但多數人對甘草印象最深刻的，或許是瓜子了。它和八角、丁香，都是瓜子調味的重要配料。仔細搜尋，每包瓜子裡應當有一二片。有時，我會從中尋出，刻意放入口中咀嚼。甘草味道類似茴香，但氣息更重，嚐起來飽含溫和的甜味及藥味。沒多久，甘甜之氣悠然釋出，滿嘴生香。

我們喜愛甘草，因為它有天然的甜甘之味，是最佳配角，不論用在醃漬或鹹甜的料理，都善於襯托出主要食品的內涵。

甘草如是關鍵，經常使用的調味料裡，它卻最被忽視。竟不知，台灣人常用甘草，但卻無此物生長。它原本是什麼植物，或者從何而來，恐怕更無多少人知曉。

其實它是一種多年生草本的豆科，有點像我們在野地常見的，田菁之類的灌木。很難想像，它原產於歐洲南部，主要生長於乾旱的荒漠草原裡。目前的主要產地在中國大陸和印度兩地，多數為人工栽培。

台灣甘草多半來自大陸和南亞的印度。長年如此，小時最熟稔的零嘴配料，我們最能

辨識的童年味道之一，竟是源自亞洲的兩大古國，這是多麼失落而饒富想像的味覺銘印啊！(2011.10)

大啖黑柿番茄時，定要搭配一碟添了甘草粉和薑泥的醬油膏。

我的薑母體驗

四十年來，每天早上都有一輛賣豆花的小車，經過台中老家門前。

賣豆花的中年人，從小就相識。我自是熟稔，他的黃豆如何精挑、熬煮，花生仁又跟何處購買，還有黑糖是誰提供的。這三種食材，質地若有差池，再怎麼精心製作，豆花都很難賣一輩子。

怪異的是，我一直忽略薑汁的存在。有一天，突地想起，遂抓住機會追問，「你用的是什麼薑，為何特別辛辣？」

他比出四個手指頭，「我用的都是四年的老薑，從南投山區特別訂購的。」

隨後，他從熱氣騰騰的薑湯裡，撈出一個浸煮許久的麻布袋。他又補充說，「這都是土產薑，才有香味，不是苦辣味。」

原來，袋子裡裝添了一堆拍開的老薑，方能熬煮出四十年不變的薑汁。欠缺這鍋薑

這輛販售豆花的小車，載著很薟很道地的薑湯。

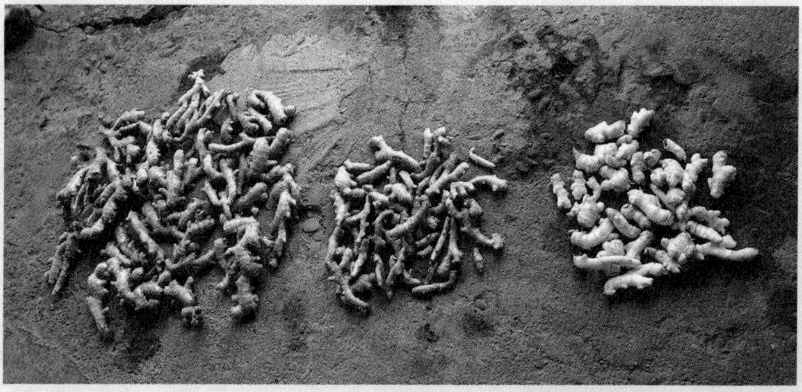

不論老薑、粉薑或嫩薑（由左至右），為了環境生態，酌量為宜。

湯，相信他的豆花頓時失色。我們在菜市場買到的薑，名義上都說是老薑，但品質不一。況且，也無法像他這樣大鍋熬煮。若小量微煮片刻，方法似嫌倉促，難以熬出他心目中的辛辣味，薟（台語：hiam）。

聊到薑，我也才了然，一般在市場看到的，多為嫩薑、粉薑，以及老薑。嫩薑生長期大抵為四個月，挖出時略帶粉紅生嫩之色。粉薑則泛著亮黃，必須栽種六至八個月。但一般表皮皺褶鮮明的老薑，少說都要九個月。他買到四年老薑，意味著此田重覆種了四回。我不免有些驚訝，那是如何栽種的環境。

關於薑的種植，以前在山裡也常接觸，約略有些許認識。通常，排水良好的乾旱鬆地，陽光不要過於炙熱，微緩的山坡，大抵是種薑之好所在。但生態學者對山坡地大面積種薑，總是有憂心，深恐水土保持未做好，造成山坡嚴重崩解。

母親彰化老家不遠的八卦山脈紅土，就很適合栽種生薑。每回見著一溝溝紅土形成的筆直壟溝，整齊有致的排列，總有一種在艱苦裡肥沃生長的感動。那是孩提時代成長裡重要的印記。

老薑辛辣，食用廣泛。

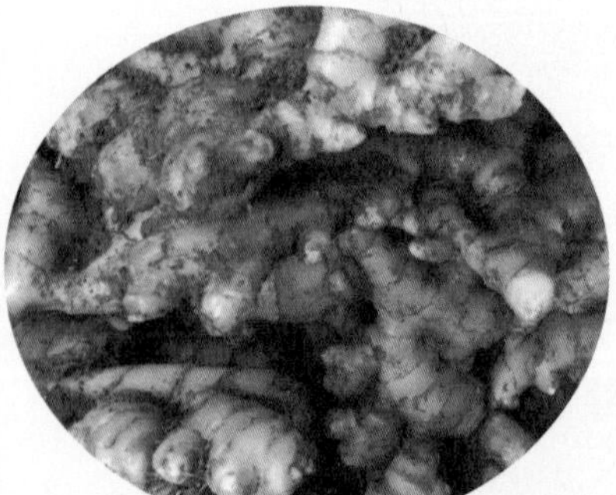

粉薑又稱生薑。

但我的用薑知識，是在石碇大格門古道學得的。一位種薑的老農，告知如下的經驗：嫩薑辣味少，肉質鮮嫩，可以炒食或醃製。粉薑較為細膩，適合研磨成汁，製作沾料。老薑夠薟，燉雞補身最宜。

不同的需求，當然得選不同的薑。除此，來自哪裡，也常是一個要件。譬如八卦山附近的名間鄉，素來以出產嫩薑著名，其他地方零售商，難免會把此薑，故意沾上紅土仿冒。

再說，薑是老的辣，與豆花最對味。但這一老薑，不免讓我想起薑母鴨。其實，所謂「薑母鴨」，並非「母鴨」，而是用「薑母」煮番面的鴨公。薑母則又比老薑更上了年紀，少說是三年以上的。

若檢視這等老薑，多半纖維粗長。不去皮、拍開，與各料快炒，薑身上獨特的香氣與薟味，通體都呈現。

我的忘年豆花老友，採用的四年老薑，無疑即薑母。堅持以薑母熬煮薑湯，此等精神不免教人肅然起敬，這大概也是吾輩堅持的生活況味吧。(2011.11)

嫩薑猶帶粉紅之色，我阿嬤最愛醃漬。

薑田泥土裸露鬆弛，容易流失。

輯三

時蔬的季風

蘿蔔——百家爭鳴

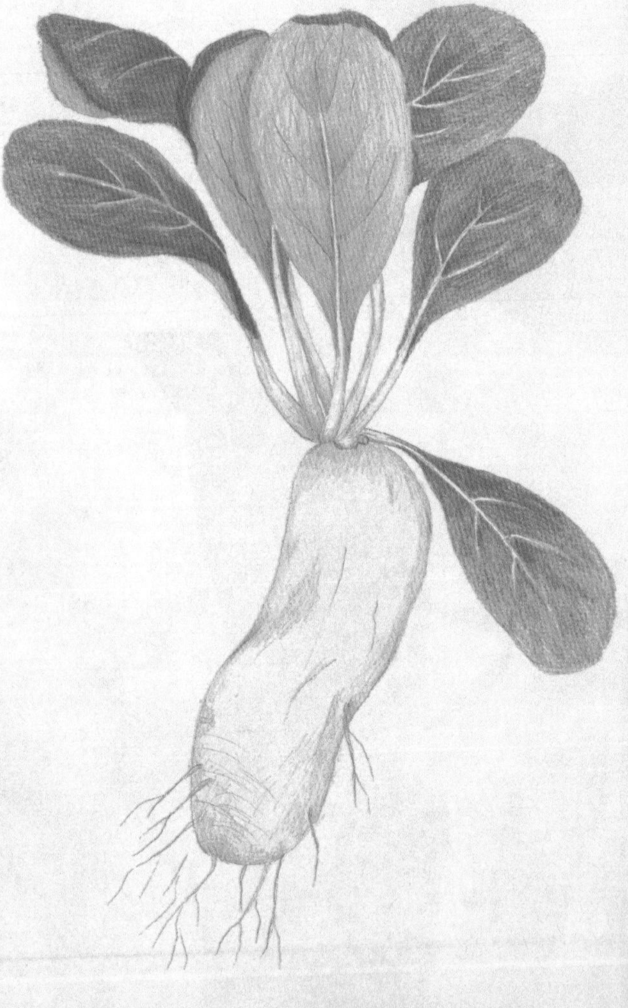

白玉蘿蔔：以湯匙之形，矜持成長。

一百多年前，馬偕醫師對蘿蔔的看法，我有些迷惘。

他在名著《台灣遙記》裡提到，台灣有好幾種蘿蔔。其中一種較大，近似西方品種。還有一種瘦小的，甜而多汁。

我大膽猜想，馬偕可能覺得，有些台灣的蘿蔔過於瘦小，或者甜度不夠，農民宜種植更有效益的大蘿蔔，因而引進了肥胖的西方品種。殊不知，百年之後，我們最懷念追求的美好類型，竟是早年又瘦又小的老品種了。

如今市面的蘿蔔種類愈加多樣，俗民如我，難以明確釐清。一般印象中，典型的蘿蔔，葉緣缺裂。這一類乍看，葉子呈波浪形，摸起來多具有細毛。馬偕提到的台灣大型蘿蔔，很可能就是這種，現今概以梅花系列稱呼，秋冬採收的，煮湯特別鮮美。

在市場上，選擇這種胖蘿蔔要訣甚多。根莖若呈筆直，往往表示其生長一路順遂，發育良好。外皮若附著微溼泥土，則意味著剛剛挖出。進而細瞧，若皮層隱約有一線不規則不甚清楚的龜裂，更有著剛好成熟的隱喻。再試著以指頭彈敲，倘有

有機蘿蔔營養滿分，農友推薦葉子不要浪費。

傳統小蘿蔔甜而多汁。

結實聲響，輕脆回應，人生逢此吻合的梅花系列，彷彿遇著冬天最美好的結晶。建議你什麼都不用細問，先搶購再說。

除了梅花系列，我們在市場也常聽到「美濃」這個字眼，早年馬偕醫師看到的那種瘦小的品種，恐怕即這一系列近親。

有一年冬天，在深坑山區遇見農民正在挖掘白蘿蔔，只見一顆顆如胡蘿蔔大小。我過去探問，主人特別強調，「這是本地種，主要用來醃漬的。」

農民口中談到的本地種，其實是一種約定俗成的說法，我們俗稱為美濃系列。此一系列雖源自美濃，卻分散各地，不一定瘦小，有長也有短。

有趣的是，現今美濃當地生產的白玉蘿蔔，其瘦小彷若營養不良，葉形猶如湯匙，據說引進自日本。有次買回對照，著實很像日本的小根蘿蔔。

菸葉式微以後，美濃地區在二期稻作採收後的中秋，便以這種小蘿蔔試種。未料，日後悄然長出自己的個性。一者，不用削皮，可以直接料理或整條醃漬。二則質地細緻，口感綿實。這種小蘿蔔種對了時，往往把脆嫩又帶甜的風味，徹底地展現。

惟一般人咸信美濃系列的煮湯較清甜，也適合加工醃漬為菜脯，或者以黃蘿蔔處理。我探問過美濃的友人，他們卻堅信，自己的白玉蘿蔔，甜度高又厚實，還是能熬出好湯頭。

最近市面還有一種叫林秦，逐漸增多，葉子沒梅花系列的多毛，怎麼看皆介於尋常的二者之間，賣者很強調葉子的可食性，夏日也收成。這一品種的出現，或許提醒我們，蘿蔔不只什麼美濃和梅花系列。它是一適合改造、多變，充滿前衛精神的蔬菜。(2009.12)

白玉蘿蔔儘管瘦小，卻有自己的個性。

土肉桂——鹹魚翻身的香料

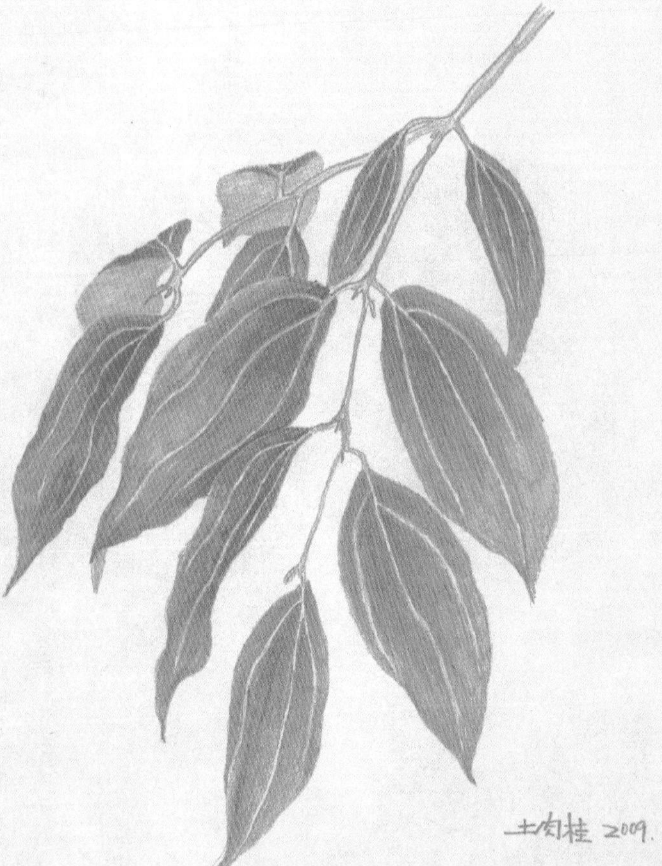

土肉桂：隱身於台灣森林的寶藏。

社區庭院有棵樹，揉捏葉子，旋即釋放肉桂香，初始以為是土肉桂。直到最近，邂逅了一株原生種，這才發現土肉桂的葉子，辛香中還帶有甜味，跟我在社區接觸的明顯不同。

為了更清楚比較，特地攜了好幾片回去。仔細對照，兩者都是樟科同屬之物，外表難以看出歧異。但以手指腹摩挲，土肉桂細嫩許多，社區的呈現紙質觸感。再鑑定兩者的小枝椏，色澤差異明顯。土肉桂淡綠，社區的明顯暗紅。

很顯然，社區那棵不是肉桂樹。後來東翻西查，終於找出它的身分。它叫陰香，跟土肉桂同屬，卻非土產，是外來引進的種類。木材浸水釋出黏液，可供造紙，卻不能食用。

十幾年前，陰香主要做為行道樹，因長相近似土肉桂，常被冒充，在各地大量栽種，甚至溢生而出，形成台灣淺山生態環境的不速之客。我住的社區會栽植，無庸說，也被誆騙了。

眾所周知，肉桂帶有特殊的香氣與辛辣味，廣泛地應用在各種食品。西式料理中便不乏使用肉桂粉，藉以去除腥味，或者添增風味。大家嫻熟的咖啡、奶茶等飲料，有些人也偏好加

陰香葉形神似土肉桂，褐紅的小枝透露身世。

綠色小枝和淺綠葉面是辨識土肉桂的關鍵。

上此物。

只是這種肉桂，台灣並無生長，僅產於南洋。百年前西方探險家，深入台灣山區，企圖尋獲，但發現的卻是土肉桂。在旅行報導中，不免流露失望的描述。

其實台灣土肉桂的功效和風味並不遜色。它可萃取精油，還可製作醃菜，以及肉類罐頭的香料。過去，肉桂獲得不易時，它便常取代，因而也被稱為假肉桂。惜乎，中低海拔的原始林多年來遭到濫墾濫伐，野生高大的土肉桂幾乎絕跡，如今台灣九成以上的肉桂均來自大陸和南亞，許多人並不知台灣也有它的近親。

小時候，在柑仔店裡，我常買到土肉桂樹根製作的枝條，一根嚼在嘴裡，那種甜辣之味，很容易上癮，一輩子都記得。無怪乎，阿里山鄒族常拿樹根皮直接當零嘴吃，早年阿美族還將圓形的果實，搭配檳榔食用。

最近幾回下榻中部山區的民宿，好些主人都愛摘土肉桂葉泡茶。溫熱的土肉桂茶，不必加糖就有甜味，卻沒有糖分負擔。泡茶後的茶渣，還可以持續散發好幾日的香氣。有的人甚至偏好此葉燉煮雞肉。

適才提及，我們所熟悉且常用的肉桂，主要是大陸肉桂及錫蘭肉桂。提煉精油時錫蘭肉桂使用部位為樹皮和樹葉，而大陸肉桂只及樹皮。台灣的土肉桂卻直接採收葉片萃取特殊成分，不必砍伐樹木本身，應用研發愈超越以往。如今市面到處可見土肉桂製作的香皂、醋酒和抗頭皮屑的洗髮精等產品，自不意外。

在日漸暖化的年代，這等特質不免被視為頗具經濟價值，又兼具環保的永續樹種。我因而深信，土肉桂未來的行情勢必看俏。(2009.5)

香料茶飲養生漸夯，肉桂是其中一味，最上一碟小缽即是。

土肉桂衍生的產品日趨多元。

珠蔥——旅行的蔬菜

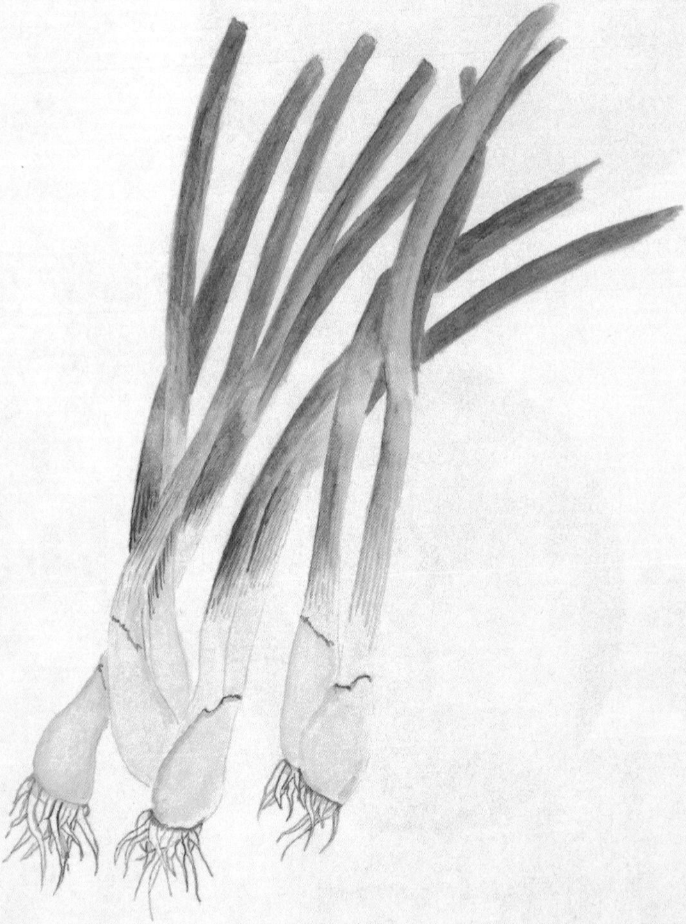

珠蔥：紅蔥頭的青春期。

近幾年，前往平溪和烏來山區。半途，經常遇到菜農，在公路邊擺攤販售珠蔥。多數混合著其他菜種，但也有自負的農夫，只出售珠蔥，彷彿單此內容就足以吸引過路人停車購買。

屈尺或十分附近尤其常見此種菜販，醒目的看板僅以珠蔥為主題。此一小攤風景亦透露，珠蔥是該二地的地方特產，甚而隱然宣示著，此地的珠蔥品質出眾。

珠蔥在大賣場或公有市場不易看到，也非什麼特別蔬菜。但時節對了，走進傳統市場，總有邂逅的機會。我只是好奇，為何這兩地特別多見。

仔細推敲，原來珠蔥性喜冷涼，忌諱高溫。烏來和平溪的環境都具備此一條件。再深究，適合生長的溫度，約在攝氏十五至二十二度。秋末至春初，這段時日正是本島最合宜旅行的時候，同時也是採買珠蔥的時節。我因而覺得，珠蔥是旅行的蔬菜。

在平溪，我觀看老婦人栽種，方法甚為簡單。將鱗莖剝成一瓣一瓣，分別放入土壤裡，澆肥呵護，望其發芽。我們習慣

平溪盛產珠蔥，鐵路旁的花圃也被珠蔥占據。

亭亭而立的珠蔥，不下肚，換得一幅風景。

稱此部位為紅蔥頭，若要製作油蔥，得待老熟後，才能採收、炒製。論及油蔥品質，我對新竹新埔菜市場的特別偏好，過去常開車專程購買。

我還注意到，栽種珠蔥的土質特別鬆軟，鼴鼠最愛翻扒。老婦人就指著栽種紅蔥頭的田地說，「這些土，都是最肥的。」

原來，珠蔥要長得好，土質宜以富含有機質，暗黑的砂質土壤為佳。排水和日照更不用說，切忌過度。除此龜毛的初期條件，此後多半不需特別照顧。青綠細葉長到二三十公分，即可摘採。

平溪的吃法並不重視鱗莖部位，當地居民諳習採食蔥葉。簡單清炒就是美食。葉之清香，充分釋放珠蔥特有的氣味，讓人有著吃到芬多精的具體感覺。平溪人如是論述，我頗能服膺。若還要添加什麼枸杞、肉絲之類的，難免就覺得，猥褻了珠蔥出眾的氣質。

據傳珠蔥原產於亞洲西部敘利亞一帶，經由十字軍東征傳入歐洲，再輾轉中國，由漢人引進台灣。沒想到本島偏遠山地的冷溼郊野，竟是它適合落腳之處，且躍升為地方特產。相對於此一狀態，我著實難以想像，早年它竟是源自旱地居多的中東，真不知當時，那是何種生長環境了。(2009.7)

路邊臨時擺攤，僅賣珠蔥一物。

秋末春初，烏來公路時而可見珠蔥看板。

芋頭——量化的球莖

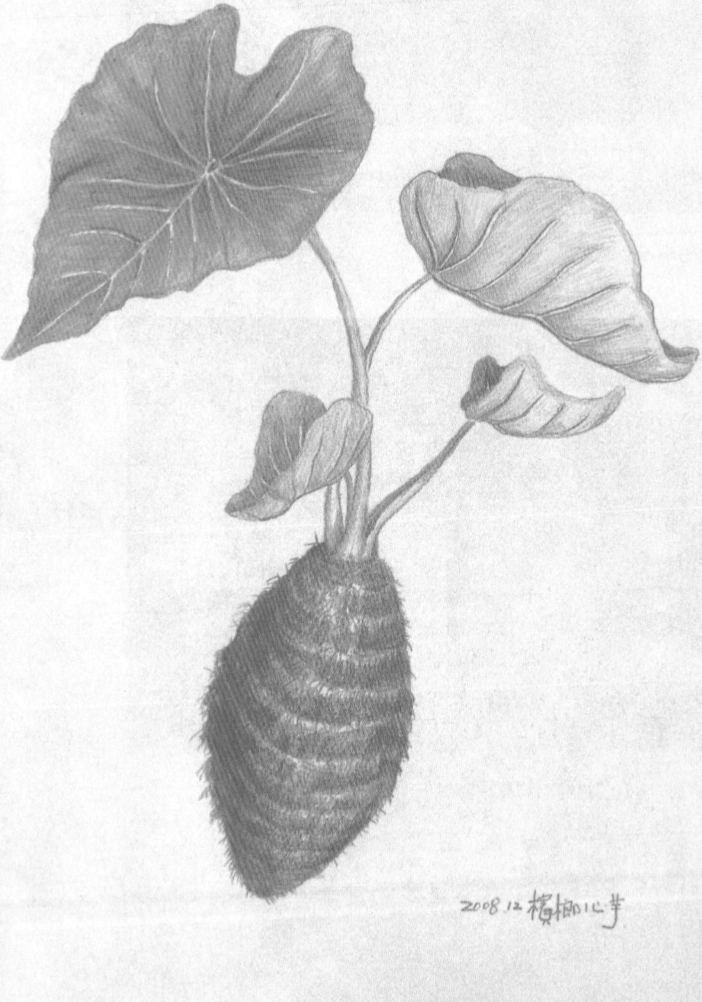

芋頭：鬆泥軟土下的肥碩好物。

冬初時前往大甲旅行，我的興趣不在鎮瀾宮，也不在草蓆，反而集中於芋頭身上。

原來，這時正是芋頭成熟的季節。一大清早，鎮瀾宮周遭，總有幾個小攤，擺出大小芋頭，等候遊客上門。

仔細瞧，小芋頭和大芋頭明顯來自不同區域的攤販，各擺各的。小芋頭主要是山芋，售主泰半來自其他偏遠山區。若是大芋頭，多為當地人的生意擔子，出售的是本地產的主要品種，檳榔心芋。

如果跟賣山芋的相處熟了，他會告訴你，山芋有趣的生長行為和食用方法。大致說來，山芋可再細分為長橢圓形的子芋，以及圓短的母芋。這方面賣山芋的人往往較粗心，總覺得兩種口感差不多，乾脆混在一起販售。

但我以原味蔬果的美學審視，堅信這兩種還是差別若干，不妨區分開來，形成有趣的山芋特色。只可惜，小攤販素來不愛這類麻煩的分工，也沒覺得有何必要。若是日本人想必懂得，在這方面小題大作。

山芋個頭小，大甲芋皮暗深。

根莖類作物常有施藥過重之疑慮。

那天望著一堆堆的山芋，遂有此感發。但真正的重心，還是在檳榔心芋。當我坐火車慢慢進入這小鎮時，一路遇見芋田綠意盎然地錯落在稻田間。等到了廟前，看到肥碩的檳榔心芋堆如小山高，更明白芋頭的季節到了。

檳榔心芋為台灣地區栽培歷史最悠久、最著名、栽培面積最廣泛的品種。它跟山芋差別很大，屬於母芋品種。葉梗下，埋藏於地底的芋頭肥大時，即可摘食。

此芋基本款是紡錘型，表皮褐色，芋肉白皙，散布著紫紅色筋絲。重量以一公斤左右，最為常見。煮熟後，肉質細密，粉質高稠，常帶濃郁香氣。球莖採收時，葉柄也常被料理食用，閩南語稱之為芋橫。

母芋品種多半是水陸雙棲，可種植於水田，亦可栽種在旱田。我在大甲看到的檳榔心芋，幾乎都在水田生長，但另一出名的芋頭產地甲仙，栽種的也是檳榔心芋。只不過，甲仙位於山區，旱芋的情形較多。閩南語稱為乾芋，周遭原住民山區亦栽種不少。

一般水耕栽培的檳榔心芋，因為土質鬆軟，較容易呈現紡錘樣貌。在山坡地或灌溉不易的田區，芋頭多以旱田栽培。土質較硬下，芋頭難以伸展，長相會偏於圓滾酒桶狀。我們或可由此判斷，檳榔心芋的生長環境，約略猜測出，它來自何地。

有趣的是，一般都認定，在山坡生長的芋頭，粉質較勝一籌，這或許是甲仙芋頭名氣較大的原因。從事相關買賣的人，多半也會宣稱自己的芋頭來自甲仙。比如九份芋圓，即

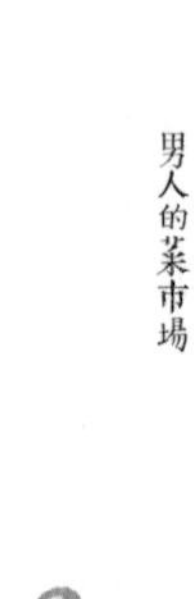

為一鮮明之例。

久而久之，大甲芋因此不利因素，少了甲仙的自負。但我看到那較為纖長的身影，反而有一種生長的理解。有時光是看到外表，就餓得嘴饞。

晚近一回走訪，我對芋頭的栽種又有不同想法。一位朋友家裡栽種的芋田，分成大小兩區。大區為量產之芋頭，乃我們常見之長相。小區生長的多半瘦小多疤，難有紡錘之貌。兩區相隔一塊水田，大區固定施肥下藥，主要供販售，小區剛好相反，多半自家人食用。

後來，朋友請我帶一些自家吃的回家。蒸煮後，對此芋頭的綿密回味不絕，此後凡市面的芋頭，都不敢再隨便亂買了。(2009.2)

大甲芋呈紡錘型。

灌溉不易的田區，芋頭以旱田栽培。

烏腳綠——埋沒的上品

梅雨季後，綠竹筍陸續在各地的市場現身了，但烏腳綠往往更早到來，梅雨前，可能就肥碩地躺在菜攤，等著顧客上門。

它們是綠竹筍的變種，乍看下，筍身黝黑，通體毛茸茸的，比綠竹筍大上一號。不識者還以為是麻竹筍，並且困惑

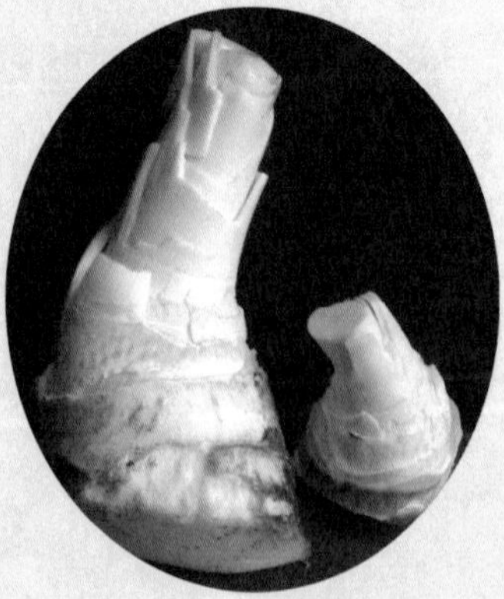

去殼的烏腳綠依然很有分量。

烏腳綠：從深綠竹叢中迸出的佳餚。

著，何來色澤這般駁雜，彷彿早產的竹筍。

在諸多超級市場，譬如松青、頂好，都看不到它們的身影，或許也跟其貌不揚有關係吧。北部少數傳統菜市場，偶有一二攤，擺個三四顆零星賣著。跟中南部動輒三四十顆，落差明顯。

北部人這時偏好綠竹筍，什麼五寮、木柵和觀音山，因其地理環境又各有特色。譬如觀音山，強調其生長土質，別稱黃金筍。經此文字包裝，當地竹筍價錢更是一路走俏，直到端午時節。

我認識好些茶農，茶葉產銷低迷慎思轉種時，最先考慮的便是綠竹。綠竹再如何辛苦栽培、施肥和除草，都比種茶輕鬆。有的人還夢想著，一年種個半甲地的綠竹林，光是靠夏秋時節，挖竹筍販售，就能簡單快樂地度日。

烏腳綠賣相不佳，產量有限，又缺乏大面積栽作的機會。久而久之，就淪為農民點綴性的農作。

以前常探問烏腳綠的價錢。若論斤稱兩，它們可沒綠竹筍

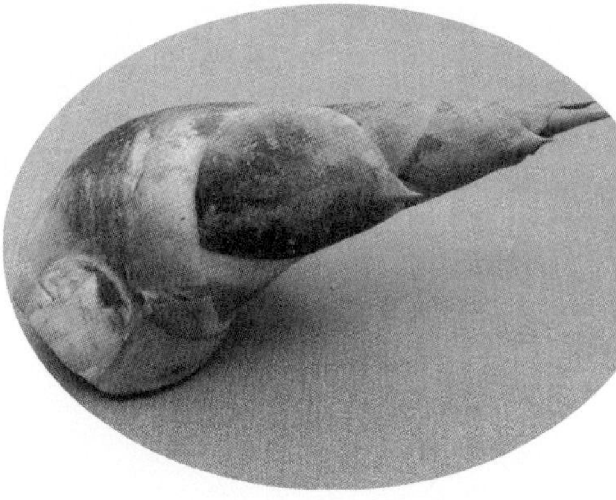

下身寬廣，上身傾斜如牛角，當是最肥美的烏腳綠。

台灣綠竹筍盛名在外，是吃沙拉的大宗。

的昂貴，但因產量不高，還是比同時節的麻竹筍有些身價。熟識者若懂得挑選，用來替代綠竹筍，涼拌、熱炒或者煮湯，都相當實惠。

試想看看，一顆碩大的綠竹筍，四五十元，逐一剝拆筍皮，再以刀子去其苦澀、粗質之處，內容就不甚了了。但同價的烏腳綠，再怎麼去皮削尾，體積都比綠竹筍龐大。那種擁有豐碩筍肉的滿足，相信愛吃筍的人當能深刻體會。

我因而極力推薦烏腳綠。除了筍肉多，更因為此竹是台灣特有。此外，我還有更深層的生態考量。原來，在種植上，它不需要太多培土，綠竹筍則忌諱出青，往往需要更多照料。

我們吃的綠竹筍，為求優質，都得精心栽種，經歷鬆土、覆土。若有產銷考量，耕作者更須大面積量產。面積一大，移土植竹的動作頻頻。進而之，許多綠竹筍的生產，可能都得靠施肥和打藥，避蟲除害，讓它長得圓熟。若滿山竹林則透露，許多郊山早已淪為綠竹林的單一物種，對山坡地的水土保持亦是嚴重威脅。

小面積栽作的烏腳綠，自生自滅，較少和化肥牽扯，也不會占據太大的山林面積，我總是買得較為理直氣壯。環顧北台山林，我如是忖度。

烏腳綠如何挑選呢？我的經驗如下，首先掂一掂，比綠竹筍大兩倍，半公斤重最適當。再細看身姿，長相不能筆挺，下半腰身宜肥胖。最好有十來度傾斜，呈現牛角般的姿

態。

切忌貪小便宜，胡亂買之。烏腳綠可是比綠竹筍帶有野性。太大，過小，都有苦味。挑錯了，肉質粗俗，清脆便不容易呈現。初次接觸，就這麼壞印象，那會跟烏腳綠一輩子絕緣的。

選定後，也請仔細端倪，先感受其出眾的外貌。它們擁有竹筍裡最豔麗的身影。全身暗綠泛著烏黑的絨毛，肥美的腰身以下，還帶點赤紫。這樣高貴而古典的色澤，豈是綠竹筍或孟宗竹筍可比擬。

老農口耳相傳，肉質嫩如梨肉，比綠竹筍更為上品的，當是這種了。(2009.6)

烏腳綠切片水煮，灑點青蔥、海鹽，清淡原味，我家都是這款吃法。

烏腳綠色澤變化大，這等瘦長暗綠略呈筆直的，大抵較苦。

樹子——在地的提味之料

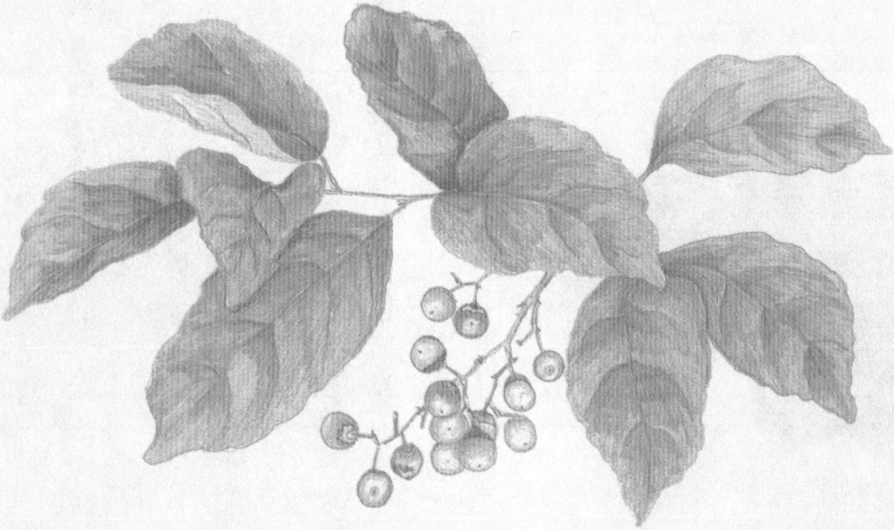

樹子：來自家鄉的成熟小果之聲。

童年居住的九張犁小村，接近犁頭店老街。多數房子為素樸的黑瓦白牆，每家前後院都有種些果樹。俗稱樹子的破布子，是最常見的一種。幾乎每家都有一二棵，與屋舍瓦簷比齊。

梅雨季後，樹子結出果實，逐漸肥大。夏初時，青綠果實形成纍纍的豐碩樣，還洋溢著亮光。有時西南風吹拂，彷彿諸多彈珠不斷碰觸，發出響亮悅耳的擦撞聲。家鄉的人都聽得出，那是果實生嫩的清脆之聲，代表著尚未成熟。

又過一陣，撞擊聲輕軟無力，意味可以採收了。果實連枝帶梗取下，隨即放入清水中浸泡、清洗、摘取，以免黏手。緊接著，就是一二小時的熬煮。煮好瀝乾，盛入調製好的醬汁，涼冷即可裝罐收藏。這樣的成品雖是輔佐之料，有時還比主菜更受到歡迎。不論蒸魚、炒菜皆宜，或者任憑掌廚者摸索新吃法。

但昔時吾村的人，最愛製成一塊塊圓厚如漢堡肉的破布子餅，早晚餐皆為佐飯的必備菜餚。小時候早上喝粥，我也頗能

青綠果實，聲音清脆，尚未成熟。

醃漬樹子，青黃摻雜最對時機。

享受這種傳統的醃漬內容。一小口稀飯配合一小口樹子，鹹滋滋的含在嘴裡咀嚼，再吐籽，最是開胃爽口。

食用樹子可消涼解暑，但如今不要說稀飯早點不流行，尋常家裡也少有這類醃漬品了。究其因，多數年輕一輩嫌其外形噁心，甚而懷疑傳統製作過程的骯髒。有陣子，北部不容易購得，還得專程遠到中南部的傳統菜市場，方能看到加工後的成品。

最近這等台灣古老的果物，頗有鹹魚翻身之跡象。原來，城市裡正在流行淡食、素食或者輕食、慢食。這些食法雖無清楚分界，但殊途同歸，都重新發現了樹子的價值，並給予了該有的評價和定位。

麻煩的是，食用者一多，過去俗賣的產品，如今價格上漲。種植的面積，似乎老趕不及需求量。不少對岸來的，嘗試以肥碩圓大的外貌充斥坊間。若以這類外來者醃漬，絕無本地樹子的甘醇。

以我從小迄今的吃食經驗，若要選購，著實不宜貪小便宜。切記，太青的恐無膠質，過熟的則易籽肉分離。青黃摻雜最好，才能製出肉質豐厚，又有黏性醬菜的特性。

啊，想到那米黃接近大地色系的長相，炎炎暑夏之日，我彷彿又聽見，破布子成熟時的嬌柔聲響了。(2009.9)

婦人正在整理採收的樹子。

一大袋粒粒分明的樹子，可以進行加工了。

醃漬好的破布子，傳統的古早味，待人賞識。

山筍——貧瘠地的好滋味

一般民間對莿竹的認知，多半是做為圍籬。此一高大的竹子，竹節帶銳刺，栽種在自家宅舍旁，最適合防範宵小或盜賊的潛入。

除此，生活上還是有多方利用，譬如挑取適當竹莖，當做挑負的扁擔，或者截斷二三年的嫩竹，做為編織材料。更多時

山筍：台灣最高大竹叢的嫩芽。

候，鋸取粗硬的竹管，充當房子的樑柱。

唯六七月，莿竹筍冒出了，北部卻少聽聞挖取食用的習慣。究其因，莿竹筍較苦，一般人不愛。更何況竹筍種類還不少，輪不到如此虐待自己。

南部的月世界目前是莿竹最常見的地方。青灰禿裸的泥質山稜下，多半長著高大的莿竹。月世界物種貧瘠，莿竹又到處可見，蔚成美景。我一直以為當地人，或者昔時的西拉雅人，應該會物盡其用，但早年走訪，始終未有機會探及食用的情形。

倒是有回旅行，在小琉球和恆春菜市場，都看到婦人在兜售莿竹筍。尤其恆春，販賣的內容還有好幾款式。有竹筍採下，剝除綠色厚殼擺售的。也有削成白色筍片，正在浸水去苦，或者早早浸過的。更有已然醃漬，變成黃色筍干，帶著竹香味販售者。一種莿竹竟有多樣賣法，也算眼界大開。

為何此地人對莿竹特別偏好，恰恰反映了南方之南的庶民風情。

高大的莿竹可當扁擔、樑柱和護牆。

莿竹筍肉浸水多時，方能脫去苦味。

原來這些地方多屬偏遠貧窮的鄉鎮，過去兩餐當三頓飯，能不挨餓就偷笑了，哪裡有挑剔竹筍滋味的餘地。吃不起綠竹筍的景況下，多半會注意到同時冒出筍尖的莿竹。莿竹筍多長在山區，故而此地亦稱山筍。

山筍大抵也非專業栽培，多半零散叢生，並不易採摘。除了幼筍可食用，長高後尚未萌生枝葉的，常因颱風吹襲而折斷，也有些人趁便撿拾，切取幼嫩部分烹煮調理。這可是老天爺篩選賜與的食物。

此類么折的嫩竹，又有一俗稱，「風颱筍」。不只恆春、小琉球，往北一些，在台南閩南人移墾甚早的老聚落大排竹，或者美濃九芎林附近，我也聽聞到撿拾風颱筍的生活軼事。可見，過去以山筍為食材，乃南部貧苦地方普遍之事。

山筍帶回家，若是自己吃，隨即削成花白的筍片，在水中浸泡久一點，苦澀味消弭，就不難食用。厲害的人，甚至能把這一低賤的食材熬煮成美味呢。

山筍的食用方法也一如多數竹筍。一般都是單炒，或伴炒肉絲。若煮湯食用，最好加料。較注重養身的，小孩轉骨的，或許會考慮添加中藥補品。採用曬過的筍乾，塞進烏骨雞的肚腹，再慢火熬煮，很容易即成一道藥膳料理。但往昔，這都是富貴人家的講究。

晚近再讀史料，發現的更多，早年可能整個台灣都在食用山筍。

僅舉一例為證，十九世紀末，日本漢學大儒中村櫻溪來台北盆地擔任教職，在抑鬱不

得志下，到處旅行記錄地方風物，莿竹即在其觀察之中。他描述農家四周常種莿竹，以收安全之效，各地也常見竹圍之地名。中村對此特殊風景甚感興趣，系列「城出雜詩」中，便有一首精確觀察如下：

雞豚稼穡事勤功，誰識農家營產豐。植竹成籬三利在，禦盜收筍得清風。

此詩後兩句特別敘及住家外圍種植莿竹的用途，文末更註解：「民家皆植莿竹以繞之，莿竹枝有刺如棘，可以防暴姦，春收玉筍，夏生清風，凡有三利云。」這句話生動而精湛地描述了莿竹的特色。我據此相信，早年北台地區的農民想必也有食用的習慣。只是時隔事遠，物質生活富裕，莿竹的廣泛用途逐漸沒落，日後便無人提及了。

如此勞心費力介紹山筍，著實因其在艱苦年代，曾是貧寒人家的佳餚，如今莿竹仍在各地廣大地生長，卻未被取為建材，亦少有食用者，吾不免想為其多伸張好處。(2010.8)

莿竹竹節的銳刺有如暗器。

油菜花——綠肥吃三巡

油菜嫩葉大量茂發，大抵在每年秋末，天氣微涼的中南部或花東。

去年十一月底，我在海拔三百公尺的池上旅行，收割後的稻田正是這等碧綠舒展的風景，不少湯匙狀的嫩芽迅速擴大，綠色枝莖明顯長出，約莫二十公分。或有些許花苞，以及三四朵黃花點綴。

絢爛的油菜花海改變了冬天的冷冽調性。

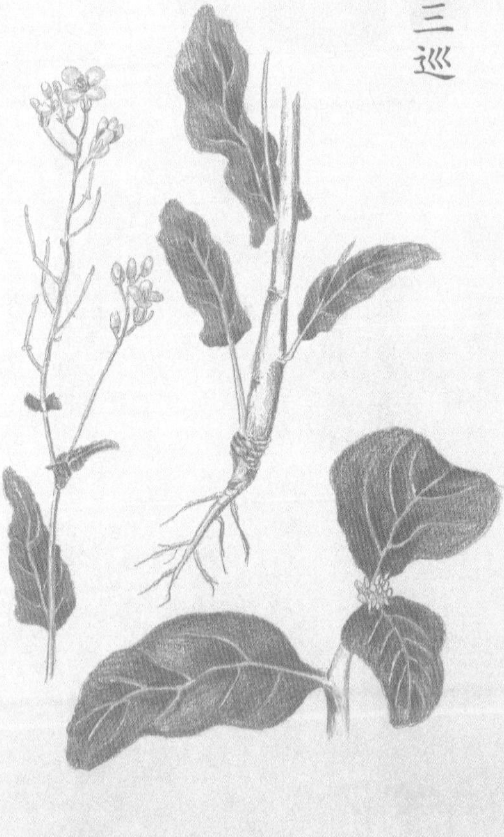

油菜花：冬天時被遺忘的田間美物。

根據池上人的經驗，這是最允當的採摘時機，我因而在那一星期左右的旅居裡，吃到了不少生嫩清脆的油菜。大火熱油清炒，或是水煮汆燙，再予以調味，都讓人咀嚼時，對油菜花的風味深感驚豔。

以前在台北盆地買油菜花，怎麼處理，總是吃到葉子的苦澀，連油菜心都吃不出好印象，孩子們更無食用的意願。沒幾回，洩了氣，就不再碰觸。從不知，採摘時節對了，這等多數人漠視，稻作後的綠肥之物，隨便簡單料理，都是人間美味，遠勝過同時期的諸多青菜。

我帶著這樣美好的印象離去，一個月後行經台中龍井鄉，周遭鄉野不少收割後的稻田已然長出青綠的油菜花苗，也有的蔚成花海。一邊看著，想起池上的經驗，不經喃喃道，「啊，這時吃油菜花不知會是怎樣的情境？」

我這一喟歎，引發旁邊龍井在地老師的共鳴。等講演結束，正欲離去，她攜著一大包剛從田畦採割的油菜花送我。

我大感興奮，那晚回台中市區探望家母和舍弟，原本要把

油菜花為豐饒土地而欣欣向榮。

啖飲一盤油菜花，收藏冬天的滋味。

油菜花全留下來。但台中人並非個個愛吃，城市人更不懂得食用。舍弟即是一例，從小不曾吃過，因而毫無意願，家母也只順勢取了一點。隔天我遂帶了一大包搭高鐵回家。

在月台候車時，有位女士過來問我，「請問這是什麼花？」

「油菜花。」我覺得這是尋常東西，怎麼那麼好奇。

她繼續追問，「你要做什麼用途？」

「帶回家吃啊。」

「我還以為插花用呢！」

猜想她大概涉獵花藝，以為有新的花材內容，遂過來探問吧。但她的好奇也開始讓我在返家途中，不斷觀看手上的油菜。龍井老師給我的，早已黃花盛開，花苞纍纍，菜葉變小。倒是枝莖變得高大，接近四十公分的高度。

以前聽人說，摘油菜花，必須趁花開前即摘食。她送我這麼多，黃花都已開展，尚能嫩美可口？且又隔了一夜，碧鮮減退，滋味還純正嗎？雙重困惑，我不禁憂疑了。

昨晚特別跟內人提及，今天回家會帶一大把油菜花。內人想必會回想起池上旅居時，品嚐油菜花的美好。

回家時，已近中午。果然，一進門，她笑嘻嘻地迎前，卻不是來接我，而是接我手上的油菜花。但捧進廚房後，馬上萌生我先前的疑惑，這油菜花會不會太老？

我不知哪來的勇氣，竟然答道，中部人都說這樣也很好吃。內人姑且接受我的說詞，開始準備午餐。我們先拔除凋萎軟爛的黃花，接著沖洗油菜花的莖葉，一邊洗一邊檢視。很擔心裡面有紋白蝶的青色幼蟲。牠們是每年台灣最早羽化產卵的蝶類。所幸，這一大把沒幾隻這等小蟲。我猜想大概是天氣太冷，紋白蝶還沒開始大肆活動。

內人問我會不會有農藥？這點我隨即當下保證，絕對不可能。若用農藥還要花一大筆錢，更何況沒有灑藥的必要。原來，這是綠肥用的，並非食用。鄉下人不想買青菜，路過時，順便在田裡摘採一些。

隔了一天，油菜有些凋萎，但我還是節儉地只除掉太粗的梗莖。梗莖若折得斷，多半只去皮，其餘莖葉都留下。不過，內人擔心粗莖老葉口感粗澀，決定稍稍放縱，以較多的油脂炒食，結果意想不到的好吃。上個月在池上邂逅油菜的美好經驗，再度回來了。

只是這回，吃到不一樣的油菜特色。十一月吃到的，充滿生嫩之清甜。待十二月時，層次更加多樣。葉子可能有些澀，不若初長時的清爽。但夾帶著花苞食用，明顯地抵消了這一缺點。花苞的沙質口感，甚是特別，讓我懷念起狗尿菜（小葉灰藋）的特別風味。但最讓我驚喜的，合該是梗莖了。梗莖最帶甜味，接近菜心。我因而想到一月二月之交，傳統市集販售的菜心。以前因為吃不出油菜的美味，也衍生出對菜心的不良印象。

現在，我知道何時摘採，何地尋覓。有了這一摘採心得。二月初時，我勢必會有第三回，油菜這一家族的饗宴。(2011.2)

青紫蘇——生魚片的知己

青紫蘇：以一葉之形，鎮住沙西米的奔放。

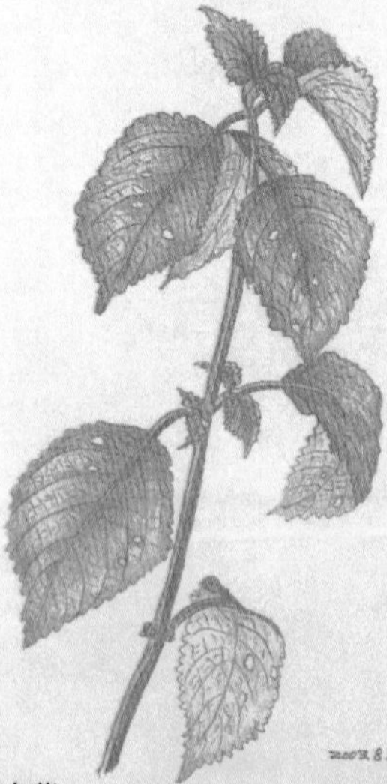

紫蘇：客家人不可或缺的醃漬小葉。

我因不太敢吃生魚片，一個人鮮少走進日本餐廳。朋友款待日式料理，若端來沙西米，往往也作壁上觀。

沙西米上桌，向來附有蘿蔔絲和哇沙比之類，不可或缺的佐料。但晚近幾回，隱隱然發現，凡較高級或者精緻的沙西米美饌，除了上述佐料，還會裝飾幾片青綠的葉子。

此洋芋片大小的綠葉乍看普通，外貌猶若紫蘇，但葉面較平順，葉尾略為狹尖，觸摸之，質地亦較軟柔。揉聞了，跟紫蘇一樣，都有香辛之味。然其色澤，如苧麻葉的青綠。放眼台灣各地，並未出產或聽聞，到底是哪種草本呢？

細究之，原來它和紫蘇同屬，是變種，只是口感和紫蘇很不一樣。紫蘇味道濃，此一青紫蘇更厚重有之。唯現今市場，流行一種韓國芝麻葉，彷彿系出同種，其實風馬牛不相及，小心被矇混了。

說話此葉產自日本，被稱為大葉，還有人直接稱呼青紫蘇。但多數人享用這道冷盤時，常搞不清楚狀況，誤以為葉子只是點綴，其實它是用來包覆生魚片，一起合併食用。以大葉

青紫蘇葉緣鋸齒較為搶眼，整體散發一種奔放氣息。

紫蘇青綠時跟青紫蘇長相接近。

包肉，明顯藉其濃郁氣味沖銷魚腥，更有清楚的殺菌作用。

細究生魚片料理，蘿蔔絲有如重要支撐，日本料理因而對其有一巧妙的隱喻：「生魚片背後的女人。」順勢理解，大葉清香四溢，佐食生魚片，感受遠比白蘿蔔絲靈秀蒼翠，彷彿山海交會，或可比喻為「生魚片的知己」。

以前走逛建國花市，看到好些盆栽上種有日本大葉，植株高度如一般紫蘇，價錢約莫一百二十元，當時我還嫌貴。不想，到了遠東百貨公司的地下超市觀看，六片葉子裝成一盒，竟標售九十元。

多數人想必也會質問，日本大葉和我們常見的紫蘇有何不同？

熟悉紫蘇者當知，紫蘇不適合搭配沙西米，其因不在色澤，而是味道不若青紫蘇強烈。但紫蘇的用途向來廣泛，當不成沙西米的配料，卻是其他食物的最佳伴品。壽司的料理少不了它，灑粉或包飯，都有人成功嘗試過。蒸飯時放進一片，足以顛覆米飯的內容。新鮮的紫蘇枝葉，混合其他香草植物沖泡，也流行多時。日本或台灣人更愛採其青芽和嫩葉，當做醃漬青梅的提味兼天然染色劑。紫蘇梅之盛名，早即不脛而走。

反觀日本大葉，我們不只陌生，乏於認識它在沙西米裡扮演的角色，也不知還有其他用途。譬如可切成碎片當沙拉，混合著其他蔬果食用，或者摻入味噌拉麵等。

日本大葉象徵的自然之色，儼然濃縮於一葉之風華。除了一份沙西米的美學期待，這

葉子應該還有不可言說之情，展現在其他食物的調理上。它正在等待被賞識。(2009.3)

紫蘇經常長得工工整整。

青草藥鋪前日曬飽滿的紫蘇葉，用途多樣。

土當歸——高山的外來客

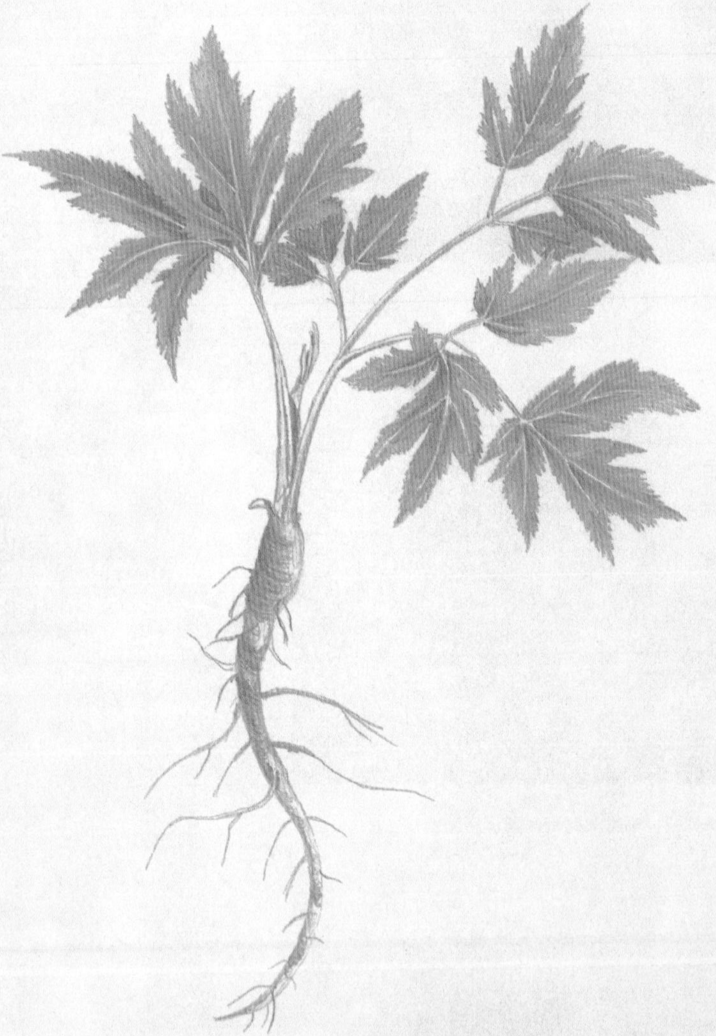

土當歸：熟悉又陌生、遙遠又接近的藥草之心。

初次見到新鮮的「土當歸」，竟是在清境農場，公路邊地攤擺陳的蔬果之中。每一把都連根帶葉，株株如角菜大小。但根莖肥厚，約莫拇指粗。

攤販將六七株綁成小把出售，一問價錢，嚇一大跳。若說一般青菜，三四十元即了不得。一把當歸，竟可喊到一百元。我露出吃驚的表情，攤販老闆還嘟嘴道，「原本都還賣到一百二，今天算你便宜了。」

後來，在商街背後的山徑散步，發現菜畦間不乏這種藥用蔬菜的身影，連遠到對面山谷，居處台地的廬山部落都有栽種。可見「土當歸」已經馴化，普遍在清境附近山區立足，躍升為本地特產。

乍看這種當歸，不免想及海拔更高的玉山當歸，其葉形和花序幾乎相似，但仔細對照，玉山當歸葉面和莖幹的細毛比較多，熟悉者當下即可分辨。

清境的「土當歸」來歷如何？四下探詢，竟有二說。一說來自日本，二則出自雲南。我因分辨不出，乾脆拍攝存檔，再

連根帶葉一起販售的土當歸。

討教植物達人，老友江德賢。經其指點，才知清境種的就是平時吃的當歸，中藥店常賣的那種。主要栽培於對岸，晚近引進台灣做為經濟作物。如今不單清境才能邂逅，花蓮地區也逐漸普及，還把它當成無毒農藥的代表物種。

高山寒冷，較少昆蟲干擾，當歸栽種並不難。但當歸往往要栽培好幾年，根部肥大了，價值才不菲。其根堅硬，不易屈曲，摘採時期，多以春日最為適宜。根部取得，以水洗淨，切片後曬乾，可保存長久。一般在中藥鋪所見，即如是成品。惟清境山區邂逅的當歸，普遍過於瘦小，不少菜畦還施用化肥。對當歸在此的未來發展，我是比較不樂觀的。

當歸葉子搓揉時，散發奇特的香味，我研判適合佐料。若搭配其他主要食材，其氣味柔和不搶主位，又能保持清新特色。果然在霧社的小吃餐廳，就有當歸葉炒蛋。點了一盤，甚感別致，接近刺蔥炒蛋的美好。後來在網路上發現不少讚賞之詞，也有人喜愛當歸雞湯。

唉，希望這新菜色引發的風靡，不至於讓清境地區過度開發的危機雪上加霜。

(2009.4)

土當歸已在清境山區立足，晉身新近風行的菜餚。

那一年，我們在雪山圈谷邂逅
了盛開的玉山當歸。

過貓——點燃味蕾的野菜

過貓：潮溼沼地的美麗問號。

蕨菜、紫萁和過貓，在華人的世界裡，大概是食用最為普遍的蕨類了。但後者不踰嶺南，昔時中原的漢人不熟悉，文獻便付之闕如。不像蕨菜和紫萁，早早廁身《詩經》、《爾雅》之列，甚而見諸本草之類的書冊，被藥草師傅和採集者所熟識，且百般研究，賦予詩詞之美好。

早年多數漢人的生活圈裡，過貓無緣形成重要的文明食材。相對於此一缺憾，卻因分布偏南，被更多的族群所食用，反而展現多樣的稱呼和烹調方式，突顯了各地族群間生活思維的差異。

這一過貓分布範圍出奇地廣泛，大抵從雲南到馬來半島，延伸到菲律賓，甚至東到夏威夷，各地都有俗稱。

台灣人為何暱稱為過貓，語出何處，如今難以考證。或許日治時代前就有了。很多台灣人對此蕨最深刻的記憶，大概是太平洋戰爭時的生活場景。當此戰亂之刻，人人窮匱，三餐難以為繼，有些人便摘此美味的蕨類充飢，甚至當作經常食用的蔬菜。如今，在台灣的蕨類書籍裡，出現一詰屈聱牙的中文名，過溝菜蕨，大概是取其常見於水圳溪溝的環境，統一用此中文學術命名了。

此蕨東亞各地皆有分布，因地制宜，出現多種名字。嶺南一帶均叫做菜蕨，不可不謂平實。唯此一名稱對研究蕨類者，

人工栽植的過貓田應有施藥、落肥。

市場上成把販售的過貓只見嫩芽。

有些考證的麻煩，容易和《詩經》裡的蕨菜混淆。江蘇鄉下地方簡稱為水蕨，也常讓人誤以為是水蕨科的「水羊齒」。至於，馬來半島稱呼的PAKO，或許最廣泛，但各地的唸音不同，經常混淆為他種。

這一近水之蕨，稱謂如此繁複，在蕨類當屬排頭。但名稱的雜亂，其實也反映了此蕨的普遍食用。

過貓在台灣，過去只是尋常野菜。以前溼地環境多，野生的很容易看見。但生長零星下，摘食者還是得花上一大段時間，才能摘獲炒食的分量。在吃法上，因而捨不得浪費，不僅摘嫩芽食用，連六七公分長的嫩葉也會保留，並且聲稱比較好吃，這一食用情形頗似傣族。

如今溼地過度開發，野生過貓愈來愈少。但民眾偏好嚐鮮，需索野菜孔急，農民發現此一財源，紛紛開田闢地，大量栽種。蕨田遂種得像空心菜田，凡有菜畦皆易見，噴藥施肥亦處處可聞。

如今隨便一個傳統菜市場，都能看到肥碩的過貓嫩芽，一大把一大把包裝零售。這種內容，很顯然地，在採摘過程裡，割捨了嫩葉，只保留城市人愛吃的嫩芽部位。這是一般鄉下農婦難以想像的，相信傣族的婦人看到台灣人如此浪費，恐怕也會吃驚。

在野外摘採，回來簡單汆燙，乃我喜愛的處理方式。過個滾水，去掉大半黏液澀味後，迅速冰鎮冷藏，無疑是處理過貓最精妙的箇中技巧。經過如此手法，柔軟、清脆，進而泛著碧綠色澤的卷曲嫩葉和稚芽，絕對是上品。再從冰箱開啟時，自有森冷之氣，常讓接觸者彷彿進入了蓊蘢的森林。

以前台灣有些講究的日本料理店，開胃小菜總有過貓。主食尚未端出前，這道冰鎮小菜便以小碟盛裝，擺在食客面前，做為點燃味蕾的媒介。當時，台灣人還誤以為，這是日本料理的儀式。

殊不知，南方不盛產《詩經》裡的正蕨（拳頭蕨），只好以此取代。此蕨乃本地尋常野菜，嶺南之蕨也。(2009.4)

太太為我烹調的過貓，汆燙後，添加豆豉、蒜頭、薑片，少油水炒。

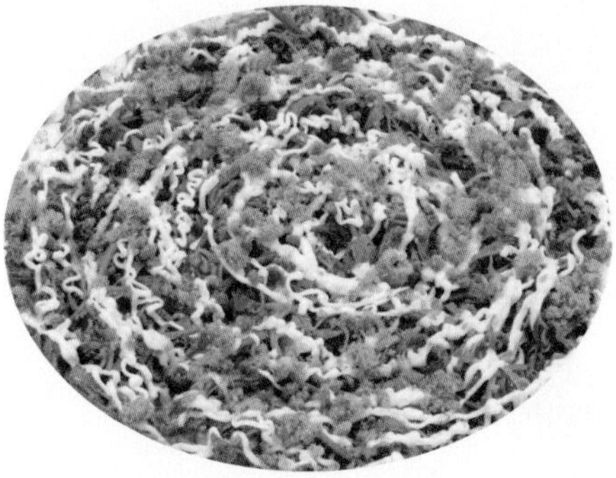

餐廳提供的過貓料理，添沙拉灑肉鬆，譁眾取寵。

山蘇——馴化的森林風情

山蘇：彷彿海洋裡的海草，在陰溼的森林。

台灣凡中低海拔森林，乃至平地皆可見山蘇。早年來此拓墾的漢人，受到原住民影響，不僅學會了採摘嫩葉食用，甚而在自家栽培。

山蘇之名，猜想係從山地蔬菜之意簡化而來，原名鳥巢蕨，概其形狀甚似。如今流行吃野菜養生，山蘇更是當道。只是市場所見的山蘇，常是齊頭整裝，包束一把。這一食用部位，大抵為嫩芽及新葉捲曲的先端。如此悉心處理，想必都是人工栽培的傑作，真正的野生山蘇恐不多見了。

所謂人工栽培，最早應該也是採集自山上的幼苗，再移植於自家園區。經過多次栽種後，逐一淘汰不良品種。

農民眼中的不良品種，大抵為苦澀的植株。他們留下滋味較宜食用的，不斷改良。逐漸地，一般人想吃到難以下嚥的嫩芽，機會就大大減少了。吃苦有時是在吃補，山蘇一經馴化，就無此內涵，價錢即不應以野菜自抬身價。

山蘇苦味淡去，種類的差異或許是另一重要因素。台灣的森林大抵擁有三種常見的山蘇，分別為台灣山蘇、南洋山蘇和

東海岸流行在檳榔園下栽種山蘇。

中心那一圈就是山蘇的嫩芽。

山蘇。它們的外貌雖相似，但仔細瞧，仍可看出不同。比如，南洋山蘇葉背中脈具有鮮明隆起的稜線，葉柄極短，且植株高大，產量較高，食用時口感也較佳。農民栽種的以此為多。我們在市場買到的，大抵也是這種。

另外兩種，台灣山蘇及山蘇，株型較小，葉背中脈不具隆起之脊，亦無葉柄。此外，台灣山蘇葉背的孢子囊群分布區域，不會超過中脈至葉緣一半。山蘇葉背的孢子囊群，卻超過中脈至葉緣。兩種炒食後，口感皆微黏，或稍具苦味，因而栽培就少了。

一般說來，這三種山蘇多半生長在中低海拔的森林地區。海拔越高，不良品種的機率便大了許多。再者，山蘇生長環境需要多遮陰、潮溼。若是陽光曬得太多，容易造成苦味，或葉片黃化的問題。採收時，葉片較短，葉梗硬化，纖維質較高的缺陷也易暴露。

很抱歉，嘮叨了這麼多植物分科辨屬的知識，以及栽作的認知。但面對大家這麼熟稔且已馴化的野菜，我不得不如此理性論述。

現今大量栽培的南洋山蘇，病蟲害少，生長強健，耐水性又佳，幾乎每一時節都在收割。很多地方都極致發展，隨便一處陰涼的地區皆可栽植，檳榔園尤其盛行。怎奈，我不愛此類，還是偏好在無人、隱密的山稜線，偶爾採集野生的。它們或有一點苦澀，但那野性的風味，對脾胃的提示，絕非現今人工栽植的可比擬。

總之，市場上的山蘇已經不是野菜，應該是尋常家菜之一了。(2009.12)

這樣人工化大量包裝的嫩芽，會是來自森林的野菜嗎？

盆栽的山蘇好似被綁手綁腳。

三腳柱——山坡地的恩典

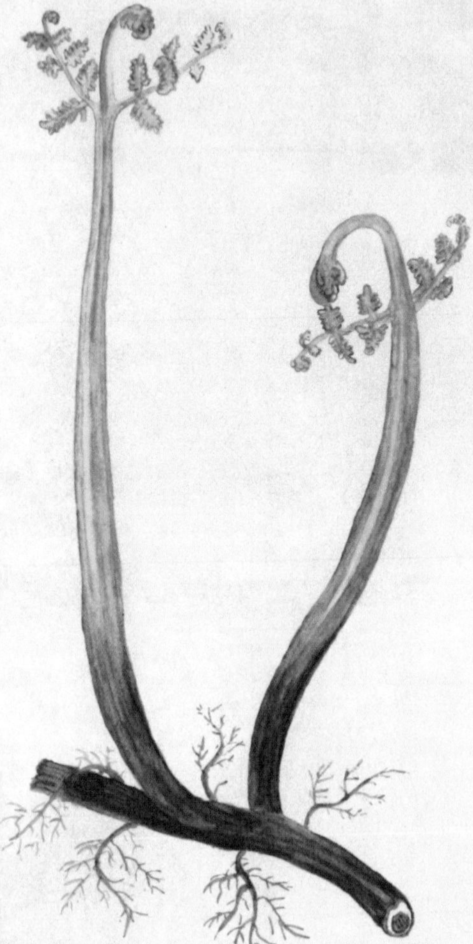

三腳柱：偏愛迎向陽光的fern。

蕨餅口感軟Q，製作費工。

我對蕨菜感情特別深刻，或許源自它的日語：「瓦拉米」。

瓦拉米是日治時代八通關越嶺道東段一處地名。當初為何取名瓦拉米，原因無他，當地這種蕨很多。緣於此名，年輕時走訪那兒，我特別在舊駐在所附近尋找。只可惜，除了大堆腎蕨別無他物。當初還誤以為，瓦拉米搞不好就是指這種帶著球莖的美麗蕨類。

後來探問了卓社獵人林淵源。林淵源搖搖頭，那天下山的路上，他一直想找到真正的瓦拉米，讓我瞧個明白，可惜也未發現。還好日後我對當地環境熟稔了，猜想當時稱呼瓦拉米的，八成就是埔里人提到的三腳柱，客家人口中的山蕨了。

此蕨根莖粗肥，橫走地下。新春冒芽時，嫩葉剛剛掙出地面，伸出瘦長的紫莖，仍是顫巍巍捲得緊緊。此一青嫩的姿勢，彷彿小鳥初飛猶牢握腳爪，故有一典雅古名叫「蹶」。後來去掉足邊，加上草字頭就成了蕨。唯北方華人怎麼看都如拳頭，因而取名拳頭蕨。《詩經》裡有名句：「陟彼南山，言采

泡發的三腳柱。

新芽展開呈三椏，野外不難辨認。

其蕨」，採摘的就是這種。

遺憾的是，認識這種美好蕨類的人不多。我的行旅經驗裡，拳頭蕨在埔里菜市場經常可發現。春天至夏初冒芽時，當地人會到山坡地隨性摘採，經過沖洗、煮熟後，浸泡於鹼水中，去其特有澀味，再持到市場販售，或者自家人食用。

過去，藥草專家邱永年，曾在書裡撰文，提及苗栗三義山區，曾經採集蕨菜外銷到日本。我在三義見過蕨菜零星販售，車站附近的山區也有採山蕨之風，但多方探詢，卻未曾聽聞此一說法。不免疑惑，外銷只是短暫的一時風潮。

說起蕨菜，不光是中國和日本食用，在世界好幾個文明角落，都曾扮演重要的食材。不僅嫩芽供為食物，連根莖部位都能磨成粉，貯藏為糧。微風廣場的日式和菓子店販售的蕨餅，便是蕨粉製成的甜點，價格不菲。假如有外星人介紹地球的代表性野菜，相信蕨菜一定列名其間。

後來，我在埔里見過婦人摘採。每年開春，蕨菜發芽。當鮮嫩帶紫的拳芽，筆直地冒出地面，長及三十公分左右，正是採集的好時光。拳捲的葉片味道最是清脆，若伸開巴掌即不能食用。那婦人還告知，採集時，務必沿根掐下，順勢將基部在地上輕擦，藉以防止跑水、老化。

採下的蕨芽，先汆燙，再泡發。以前多半以草木灰浸泡，如今可能多改用小蘇打。春日時，埔里早市遂見水桶和面盆擺放於菜攤，裝滿浸泡中的蕨芽出售，蔚為此地特色。泡過後的三腳柱，烹調方法不拘。至於像北方人，採收後攤開曬乾或烘乾，經過鹽漬再收藏保存的方式，我在台灣還不曾聽聞。

日後我亦得知，早年布農族山地部落，常有外人進去搜購這種蕨類，再販售到外地去。瓦拉米也是採集的重要地點。只是後來這椿地方小產業式微，連帶地對這種蕨的生長疏忽了，一個族群的野菜文化尚未形成即草草消失，委實可惜。(2009.11)

蜷縮如拳頭的嫩葉口感清脆。

輯四

水果的身世

自負的山蕉

你有無持著香蕉，嚴肅地凝視，思考過它的外形？

六七年前，駕車陪母親去埔里，沿途公路兩旁，販賣香蕉的水果攤棋布。她興奮地嘟嚷著要買山蕉。乍聽山蕉，我不免困惑。

隨便泊靠一攤，趨步挨近，果然看到一張註名山蕉的紙牌，跟香蕉明顯區別。但兩者間的差異何在？除了乍看瘦小，

香蕉：老兵不死的國家經濟英雄。

著實難以分辨。我不禁懷疑，這輩子吃到的，究竟是香蕉，還是山蕉？

好奇地探問母親，如何從外形分辨。豈知她竟是用味蕾鑑定的，直說山蕉較香較Q，其他攏講不清了。

兩者口感既然差異大，我乃興起了辨識的樂趣。

先說植株吧。一般俗稱的香蕉，學界還有一泛稱叫北蕉。在台灣，這是大家最熟悉的品種，過去曾大量外銷，賺取可觀外匯，多半種在排水良好之地。中南部平野田地最為常見，農民又稱田蕉。

山蕉則廣泛分布於中部山地，是北蕉的芽變種，又稱為仙人蕉。植株往往較高，葉片稍窄而長。可以適應土壤疏鬆貧瘠的丘陵地，故而稱之。

外形上，一般山蕉外皮往往具有鮮明稜線，常具瘦骨之風。田蕉則洋溢飽滿的金黃色澤，稜線容易模糊。有些果農以為山蕉果柄較短，皮比較薄。但這種辨識角度過於簡化，恐待商榷。

香蕉樹莖身暗黑，略低矮，相對於芭蕉，不難識別。

中部是山蕉的大本營，水果攤常見其立牌。

山蕉青綠帶黃時即可食用，此時帶有野香和蕉酸，接近芭蕉的味道。黃熟時，除了風味芳馨，肉質細緻。田蕉體型壯碩，往往展現肥胖之姿，以及甜膩的口感，常教離鄉的中部人，懷念山蕉適度的野性。

此一香蕉情節，或可對照，一般人區分土雞和肉雞的不同吧。老一輩中部人，可能有不少人像我母親，很認真將山蕉和田蕉切割，而且對後者充滿偏見。無怪乎，中部的水果攤常見販售「山蕉」的立牌。

山蕉還有一特點，慢熟。一串山蕉，往往一根根慢慢熟透。若懸掛著，說不定能從容地一天一根，快意品嚐整串。

對此一特性，我便有一套不同於母親的生態論述。一般田蕉快熟、飽滿，若不及早吃，容易腐爛。此一麻煩，可能涉及化肥和農藥使用的問題。我大膽判斷，山蕉的特性和生長環境，彷彿在在透露其用藥的次數和劑量，可能不若田蕉頻密。但也有可能，為了方便買賣，摘採時間和催熟方式等，影響了腐爛速度。

有趣的是，除了中部地方，一般水果攤往往不會細分。香蕉就是香蕉，哪有閒功夫，再分什麼山蕉田蕉。更何況，晚近田蕉又有了新的研發品種，叫新北蕉，讓市場愈加混淆。

以前我們常吃的田蕉，果柄較長，尾端亦突出，果指本身則略為彎曲。新北蕉果指並無此彎度。果柄短，尾端亦不甚清楚。其福泰之相，頗有環肥美人之感。

嚴格說來，新北蕉長相比田蕉還好看。但據說，愛吃香蕉的日本人並不喜愛。最近在7-11，看到販售的香蕉，長相和新北蕉相似，猜想是量產過多，無法銷往日本，因而開闢了此一市場。

以上這些揣測和辨認技巧可能有些繁複，面對現代香蕉的多樣變形，準則恐會經常更新。最好還是以整體之感摸索，確定其身分。像我母親，多吃，用味蕾鑑定，或許魯直，卻是最貫徹的方法。(2008.6)

山蕉青綠帶黃即可食，此時有野香和蕉酸。

一卡車豐收的田蕉。

整型變臉的芭蕉

芭蕉：飽實、內斂的野酸之味。

有經驗者皆知，香蕉最好是在八九分熟時才採摘。但市面上出售的，往往有運送和儲藏的苦衷，因而一般水果攤陳列的香蕉，多半在七分熟就採收了。此後，再經過催熟加工，口感其實略遜一籌。

其同科兄弟，芭蕉亦然。有陣子，我會嘗試，直接摘食成串帶柄的野生芭蕉。這類荒郊外的芭蕉，往往比一般田間馴化成林的，更加短小。帶回後，懸掛於陰涼角落，讓其在通風環境下，逐漸熟成。待其單薄的外表略有棕黑的斑駁，就很是味兒。縱使外皮黯黑，裡面的果肉仍保持完好，甜而不膩，香氣濃郁，猶帶點酸勁的野味。

在水果攤，我們偶爾會買到馴化的芭蕉，略為粗胖，常吃不到這種酸性的野味。酸是芭蕉做為水果最迷人的本質，不酸即非芭蕉。像這類，我難免會猜想，是否施肥過當了。

其實，芭蕉並不需要很多肥料，才會長出期待的果實。施用過多肥料，除了增大體積，反而讓芭蕉失去野性，甚而增加其未來病變的機率，對環境亦不友善。非不得已，要添加養

芭蕉樹高大青綠，有別於香蕉樹。

分，宜以腐熟堆肥為主。

享受芭蕉，除了要那麼一點清楚的酸味。我還渴望，咀咬時，果肉仍有棕黑的細小種子，清楚殘留著。一般食用香蕉，在長期育種下，種子越來越小，甚而消失殆盡。多數芭蕉缺乏蕉農日夜照料，或者幫助其繁殖。種子仍存在一點也不意外，那是它必要且必須的生存策略。

芭蕉種子的存在讓我有所啟發。總是想像，透過強健種子長期生存的能力，芭蕉才能在野外拓延後代。在對抗天災、病蟲害等環境時，應該也會遠強於人工精心栽種的香蕉。

吃芭蕉還充滿自然志歷史的探險想像。現在吃的，不論是否野化，都是日治時期從南洋引進的南華蕉為主，呂宋蕉次之。但那時的農業文獻也都記載了，在台灣各地，仍有多種野生香蕉和芭蕉。這些會結種子的同科物種，很可能就散失或殘留在不遠的郊山地區。它們是否和我們平常享用的一樣可食，值得我們進一步深入查訪。

相較於同科香蕉的廣獲青睞，芭蕉過去較難在主流水果攤出現，換個角度，其實是被命定了一條孤寂的道路，必須自食其力。我常從芭蕉的特色，想及其生命的堅韌和尊嚴。每次吃，不論野生的，或者買自鄉鎮、公路邊的，咬下第一口時，都會如此嚴肅地凝思。進而，自內心悄然發出尊敬。

困惑的是，如今香蕉多病變，照料辛苦，芭蕉轉而取代，逐漸出現在超市，顯見芭蕉

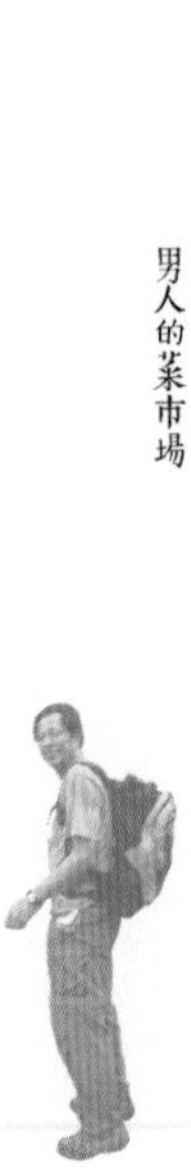

已逐漸進入主流水果的體制。這類芭蕉明顯整頓了過去的野性，體型往往比早年的肥碩，內裡難見點點種子，酸味亦消乏。唉，這般很香蕉的整型變臉，難道就是芭蕉的星光大道？(2008.7)

這串芭蕉毛蒂青皮，還未成熟呢。

果子狸愛吃的鳳梨

鳳梨：戴小帽曬日光，在赤土裡茁壯。

去年夏日，在大肚山旅居，邂逅一荒涼的果園。

大肚山乃磽薄的紅土環境，少有耕作之地。我經過時，一位農夫正在清理樹枝。他對我慨嘆，土質粘礫石多，土地貧瘠，果樹甚難發育。栽種的荔枝和芒果結果都不理想。如果不是年紀大了，根本不想回來。

這時我發現園內還有幾株廢棄的鳳梨。不少果實已黃熟，只是體積比尋常的小了許多。其中一顆，還被咬了一大半。我好奇地探問，「誰把鳳梨吃成這等形容？」他一看，立即斷定是果子狸，一邊驚歎，「這些貘仔真厲害，都知道跑到這兒，專吃這種土生的鳳梨！」

大肚山還有果子狸嗎？我心裡研判，恐怕是田鼠吧。順手用瑞士刀切了果肉一角，淺嚐味道，風味還真不差。這一吃，不禁聯想起一則名間鄉的故事。

名間西部亙踞八卦山，跟此地一樣，屬於紅土台地，排水良好，非常適合栽種鳳梨。但十多年前，那兒爆發了花樟病，整個鄉的鳳梨幾乎無一倖免。幾位專家研究的結果發現，原來

鳳梨田有一種荒涼、粗獷的氛圍。

尚未成熟，在穠青的鳳梨。

那年連綿陰雨，再加上施用過多的氮肥和生長調節劑，導致病菌有機可乘，染病的果實呈褐色而硬化，無法收成。

他們四下察訪時意外撞見，還有幾處鳳梨田居然倖存。這些地方都是被遺棄的，並無施肥或添加藥劑。乏人照顧下，果實自行生長，個體變得較小。但試著摘食，果皮薄，皮肉界限分明，而且風味甜度佳。

專家們很不解，沒經過栽培管理、自行生長的鳳梨，既然如此好吃，農民也洞悉，為何不省下肥料和生長調節劑的費用，改行自然農法，反而捨近求遠？

原來，農民有不得已的苦衷。他們若不施化肥，果實不會碩大。少了生長調節劑，果目難以凸膨。當時，大家都以貌取果，喜愛橘腰綠身、甜度奇高的鳳梨。若種出來的鳳梨賣相不好，根本吸引不了中盤商收購。

如今針對花樟病，政府也積極輔導農民，朝品種多樣化調整。近幾年還研發栽培出什麼春蜜、甜蜜蜜、冬蜜、金鑽等品種。號數十一、十三、十七……不斷往上增加。產期不一，各

有機鳳梨通常較小個兒，果目不大，但一般人不易辨認，最好依賴認證。

具風味。怎奈，一般人根本搞不清楚，鳳梨族群的差異。感覺上，每個季節都有出產，不再是夏天的專屬果物。

但自那回的果子狸事件後，我即摸索出一套選購鳳梨的個人標準。不管是哪一種，我繼續偏好接近夏天的，不找那什麼名牌品牌。

有機和慣行的鳳梨，外表難以判定，我只好到信賴的有機店家或農夫市集採購。若在傳統市場，還有小攤願意擺出古早味，果實瘦小，不隨意刮舌磨嘴，葉片不下垂刺人的，我也樂於考慮。(2008.9)

主張名符其實，採用台灣土鳳梨做內餡，日出是第一家。

香瓜的風水輪轉

梨仔瓜：夏日時，與稻穗共舞。

四五年級的人，相信都還記得，黃色的梨仔瓜。

三四十年前，凡水果攤和菜市場輕易可遇上，這種圓柱形，皮薄薄，泛著黃澄亮光的香瓜，經常堆疊成山，形成暑夏最鮮明的色澤。相較於日後我們所熟悉的各種甜瓜，剝開享用，大概也是最細皮白肉的。只是晚近幾年，走訪諸多鄉鎮，卻未見到它們在市面上販售了。

小時候老家在烏日九張犁，還有幾分地。第一期稻作收割後，田地有一段空檔。阿嬤總是伺機栽種，這種發育快速的梨仔瓜。不過一個多月，梨仔瓜蒂落瓜熟，就等半夜搶收了。

通常，一清早，姑姑和叔叔會挑著滿竹筐鮮摘的梨仔瓜，越過水田，擔到樹仔腳的一號省道旁販賣。那時節，這段省一號公路，到處可見梨仔瓜地攤。有時過度盛產了，阿嬤和爸爸還會半夜裝上三輪車，推到豐原果菜市場批發。

小時候我吃到梨仔瓜的次數，想必遠遠超過多數同年紀的孩子。但是到了小學五六年級，我發現有種青綠、肥胖的香瓜問世了。一般人都以「美濃」稱呼之，這個叫法應該是從日本

狀元瓜、梨仔瓜、美濃瓜，由左至右都是香瓜家族成員。

美濃瓜因皮厚易存崛起，又因皮厚難削敗退。

的外來語メロン（melon）學來的，再直譯之。

育種成功的美濃瓜，同樣多籽，風味甜度亦相仿。但它有一個梨仔瓜無法相較的優點，表皮厚實。皮厚讓美濃瓜可以貯藏較久。梨仔瓜細薄質輕難以保存，在水果市場的殘酷競爭下，自是節節敗退。

美濃瓜若早幾年出現，阿嬤和父親就不用那麼辛苦，半夜推送到十來公里外的豐原。我們大可在省一號公路旁，每天輕鬆擺攤。只可惜，它在市場推廣時，我們已經把剩存的幾分田地賣光了。

其他還有田地的農民，也陸續放棄梨仔瓜，改種美濃瓜了。後來，甚至連香瓜之名都堂而皇之的僭越。

又過一陣，在台灣水果推陳出新的競逐裡，很多年輕一代全然不識梨仔瓜，連一些大人也把近似的狀元瓜，誤以為是早年的梨仔瓜。

美濃瓜流行一陣後，好景不常，又有哈密瓜、網紋香瓜等紛紛上市，多樣化了水果的瓜類市場。它們更加肥大、甜美且多汁，轉而取代了美濃瓜的地位。常買水果者當不難發現，美濃瓜早已淪為下品。只在鄉野傳統市場還有批售。相對於後來的瓜類，美濃瓜常被挑剔難削，而且多籽，連果肉都被嫌不是。

半甲子前，我們早被好吃、果肉多和甜度高之類的功利導向，帶往另一種不利於土地

的栽種方向。美濃瓜如是移進，繼而是其他新的瓜種。

我們忘了瓜果的甜度適中，粗質纖維可能更符合健康。我們更忘了，早年的黃色梨仔瓜，更合乎土地利用的規律，以及水稻的良好互動。(2008.6)

哈蜜瓜肥美多汁，打敗美濃瓜，成為市場的新寵兒。

居家常伴的龍眼

土龍眼：寶島多水果，戶戶有桂圓。

「這棵龍眼樹是多久前種的？」

最近前往鄉下旅行，邂逅龍眼樹，尤其是老欉的，都會提出如此內容，探問當地人。

龍眼種類林林總總，目前市面上最常見的為粉殼仔，果實外殼果粉多於其他品種，因而如是稱呼。此外還有紅殼仔、新殼仔和潤蒂仔等，都是近二三十年來，從外地引進，多樣化的結果。以後遇見龍眼時，不妨先細看，從果實外表的大小，枝葉的柔軟長短，不難觀察出品系身分。

但為何還要特別詢問呢？原來，我想要尋找昔時果實特別小粒的土龍眼。假如這棵樹是七〇年代以前種的，約略有一半的機會。

其次，土龍眼不若其他品種，偏向集中栽種，在一塊允當的土地，投入人力物力。若看到樹皮老皺斑駁，駝背孤身，乏人照料者，應該不難判斷。又或者，若能採集到果實，上面無果粉，明明成熟了，卻是營養不良的樣子，機會又更大。

現在的龍眼樹，不只引進果粒大的新種，多半會定期施肥

炭烤龍眼雖然可保存一段時日，但香氣日退，及早吃才是王道。

土龍眼的果粒小，右邊是市面常見的粉殼龍眼。

灌溉，培養相當數量，枝條強健的結果母枝，促進果實肥大。此外，龍眼易招惹病蟲害，儘管對果粒無大礙，還是得噴藥一二回。

這些都不會在土龍眼身上發生，但從收成販售的角度，土龍眼已經是過氣的物種。採收麻煩，亦乏人購買，果農多半任其荒涼，果粒隨意熟落。若不信，遇到土龍眼結果時，何妨探問農家主人，是否可以摘食？

他們多半會爽快地應允，隨便你採摘。緊接著，你開始拎著扶梯和竹桿，辛苦地擷取。土龍眼樹多半高大，蟲多果粒小，肉薄汁少。主人還真搞不懂，花那麼多體力，浪費在此所求為何？

再者，摘下時，仔細檢視，果實常有煤煙病的黑斑。或屢屢看到白色的介殼蟲，在枝條上活動。甚而，撥開果肉蒂頭處，赫然爬出一尾細瘦如蛆的蛾類小蟲。這是過去吃土龍眼時最常驚見的，也因此過去朵頤時總是小心，先得三番兩次的檢查。

其實，這些都無妨。反過來思考，它們的出現也意味著，這株龍眼並未使用藥物噴灑，屬於粗放。況且土龍眼雖麻煩多，但甜度奇高，清香迷人，光是這點就教人再怎麼勞神費心，都值得去摘食了。

如今土龍眼荒著，很多乾脆當做蜜蜂採蜜的樹源。

在郊野荒廢的老龍眼樹裡，土龍眼雖占多數，粉殼亦不少。我們若看到果粒碩大者，

大抵是後者。有些人家常說，自家的龍眼不施肥不噴藥，果肉多滋味甜美的，八成也是它。

龍眼樹在台灣或嶺南都是栽種最為普遍的果樹。以前的農家幾乎都會在家門前栽種一棵，迄今許多庭院亦然，不論漢人或原住民的家園。

何以如此，原來一般水果在過去的年代，很難如龍眼的廣泛利用。龍眼採收後，若無法售罄，還可曬乾，或者火培後儲存，列入養身之補品。除了果實，樹身質地堅硬，更適合當柴火。

時下某些費時或高溫的料理，特別利用它做為主要燃料。君不見，諸多披薩、麵包店都以龍眼樹燒烤，標舉美味招牌。龍眼木炭甚至繼竹炭之後，在日常生活多所應用，譬如改善水質、除溼、除臭等。

來年我若有庭院，最想栽種的果樹，想必也是它。土龍眼或粉殼皆宜。(2008.9)

龍眼樹樹皮斑駁，但是很受歡迎的薪材。

達爾文不及遇見的玉荷包

荔枝：嶺南以降，唯它風光。

十九世紀中葉，在震驚世人的《物種源始》發表前夕，達爾文正對農夫、園丁和養鴿等工作產生極大的樂趣，不時閱讀農藝產品的相關訊息。

透過這些領域的知識，他隱約有個輪廓：新品種的出現是選擇性繁殖的結果。實際的栽培法則也證明了，把優良的品種加以隔離，只和相似等級的交配，新的有利品種會得勢而生。

我因而想像著，假如他當時吃到今之玉荷包，相較於熟悉的荔枝，恐怕也會拍案，驚奇地大喊，就是這樣！

玉荷包是土生種黑葉荔枝的改良種。前者五月即上市，黑葉要到六月才出產，兩者外表相似，但前者外皮還帶青黃時，裡面的果肉已經熟成了。不須像黑葉荔枝，非得暗紅勻稱，帶有華貴之氣，才能食用。

兩者剝開的食用過程，也截然不一樣。玉荷包的外殼並不黏肉，比尋常荔枝更加容易剝落。果肉露出同時，汁液更是泫然欲滴。吃進嘴裡，彷彿果凍般軟滑，甜中帶香，絕無荔枝的酸澀。更教人吃驚的，裡面的種子不再是大粒籽，竟然演化出

玉荷包青黃時裡面已經熟了。

暗紅的黑葉荔枝是道地的土生種。

枸杞般瘦小，被豐腴的果肉團團包覆著。

達爾文早年在加拉巴哥群島旅行，發現不同的小島，相似的雀鳥會演化出不同外貌的嘴型。他若只有這層簡單的田野經驗，想必會被玉荷包這類物種的出現所困惑。還好，這時他從農藝經驗深知，除了自然汰擇，人類也能扮演造物的角色。

現今，我們從農產品的生產過程，或許也能思考此一面向的深度，想想荔枝在台灣水果的改良歷史裡，占據了何種重要的位置。

放眼台灣水果，泰半裡外兼具，基本上朝碩大而甜美演變，我們熟知者，如木瓜、楊桃、蓮霧和芭樂等等皆是。唯有荔枝，進行的是內在美的改造。

玉荷包雖因改良而被稱許，但過去結果量小，近幾年因摸索出果實纍纍的內涵，而且錯開了結果的時間，比黑葉提早到來。這些條件讓它上市時，受到熱烈的歡迎。連不喜歡荔枝的朋友，談起玉荷包都另眼相看，彷彿它不是荔枝了。

玉荷包不是朝大而研發，轉而如科技公司手機的改進，以輕巧小美為目的。我隱然覺得，裡面飽含了農民另一層次的栽種智慧和水果美學。

晚近，朋友在大樹鄉認養的玉荷包大抵是這類的栽培理念，而且還特別強調有機，對土地友善。這樣的玉荷包是否會達到百分百完美，我沒把握，但朝這條路發展是時勢使然。假如達爾文在世，應該也會認同我的看法。(2008.9)

荔枝樹是常綠喬木，也是現在很夯的薪材。

七月時換貴妃（左圖）和糯米荔枝上市。

土芒果的歷史感

土芒果：荒山裡，尚青尚黃的熱情。

去夏，友人曾寄一箱土芒果請我品嚐，他們以黃荊層層鋪放在土芒果間，藉此古老傳統的方式悶熟。土芒果黃熟後，即臻人間美味，天天食用一顆，竟有奢侈之感。我因而不再偏好愛文，重新對土檨仔有了新的認知。

但我買土檨仔，還是偏好到台南現場選購。甚至喜歡一邊吃，一邊觀看芒果樹，到底是生長在何種環境？多大年紀的果樹？

假如那是山坡地，就有得對照了。很好奇，這兒的土檨仔林有無坐北朝南、日光充裕？土質是否為貧瘠的沙礫地，或者更惡質的石灰岩土？還有憑直覺判斷，周遭土層有無深厚之可能？這些都會決定一棵土檨仔的良窳。

我更期望邂逅老欉。若是能遇見一棵接近百年的，以常綠蓊鬱、老態龍鍾的身軀佇立，依然結出纍纍肥碩的果實，勢必會很激動。

等吃到了，又是另一層次的喜悅。那瘦小果實，青綠薄皮的橢圓外貌，未熟時，其實野性甚烈，適合醃漬為情人果。待

土檨仔果肉不多，滋味很迷人。

行經民雄，驚喜地遇見老欉的土芒果大道。

軟熟了，內裡籽粒肥大，果肉纖維粗多，還未吃，已經感覺有牙縫塞滿纖維的壓力。

但相對地，當其金黃的果肉釋放出，難以抵擋的濃郁芳香，還有膩人的甜味，相信品嚐到這樣老欉的果實，一定是那年夏天最感動的經驗。

這種接近百歲的老樹，也讓我充滿歷史感。真的，說不定，就有那麼三四棵接近清朝時代歲數的，現今仍然屹立不搖，繼續青綠。

譬如最近經過官田，就遇見好幾株活古董，像老榕樹一般，枝幹堅毅地高聳，樹冠也蔚然成蔭。它們勢必見證了芒果樹引進台灣的歷史。從土樣仔快速地適應南部山坡，以迄愛文芒果、金煌芒果之類的當道。台灣水果唯有土樣仔老欉可以這麼自負，充滿水果的國際視野。

就算未遇見老欉，走訪縱貫線的舊公路，拜會玉井那一排行道樹吧，一樣會滿足的。這些生性強健的芒果樹，並不需要花太多管理、照顧和施肥，就可以長得壯碩高大。等到夏日，再見其結實纍纍，掛在枝梢，枝條似乎不勝負荷了。你不免喟歎，有機水果當如是也！

再者，當我們環顧周遭，盡是旱田和惡地形的環境，在這樣高熱的氛圍裡，從空氣的悶乾中，更能隱然感受到，這種土樣仔的地下根，勢必早就發展出深根固柢的本領了。

縱使有一二年，它們突然長不出果實，我們也不用擔心是否欠缺施肥。當地人總是信

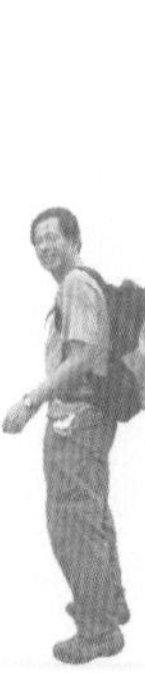

心十足，相信這是土檨仔在調節。它們會摸索出新的成長方式。時間對了，明年或後年，都有可能再豐收纍纍。(2008.6)

金煌芒果

凱特芒果

愛文芒果是當紅之主流水果，揚名海外。

愛上土楊桃

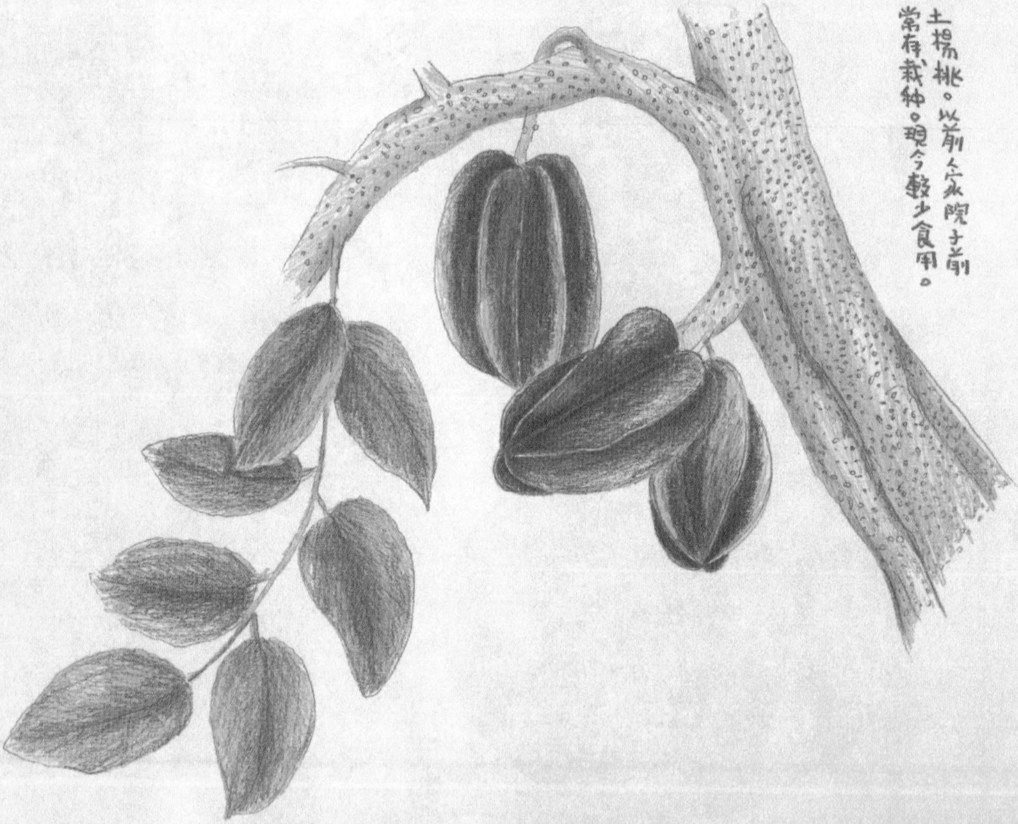
土楊桃。以前人家院子前
常有栽种。現今較少食用。

土楊桃：樹幹紫花綻放後，開始詭異生長。

去年九月中旬，應台北故事館之邀，進行中山北路的導覽。

此路從台北故事館到大同大學，被譽為昔時台北最美麗的路段，也是早年最蓊鬱的林蔭道。如今圓山神社不再，中外貴賓亦少由此進出，馬路景觀自然有所變化。

導覽前夕，我去勘察場地。故事館前有一對檳榔和一對楊桃。對照二十年前的照片，並無這些樹種，我研判是後來經營單位栽種的。

新來的經營者不知如何構思，竟然在館前栽種了檳榔和楊桃。我大膽揣想，栽植者勢必是有心人，經過一番思索，考量它們是熱帶果樹的象徵，房子前才會蒔植這兩種樹吧。

我更注意到，兩棵楊桃樹正在結果。一看果實即可辨認，絕非現今流行的，體型碩大的軟枝楊桃。而是小顆的，最多只及拳頭大的土楊桃。

過了幾天，帶隊導覽時，我便以楊桃樹為例舉陳，早年台北住家周遭都有栽種果樹，龍眼、蓮霧和楊桃最為常見。日治

土楊桃掛滿枝頭，卻乏人聞問。

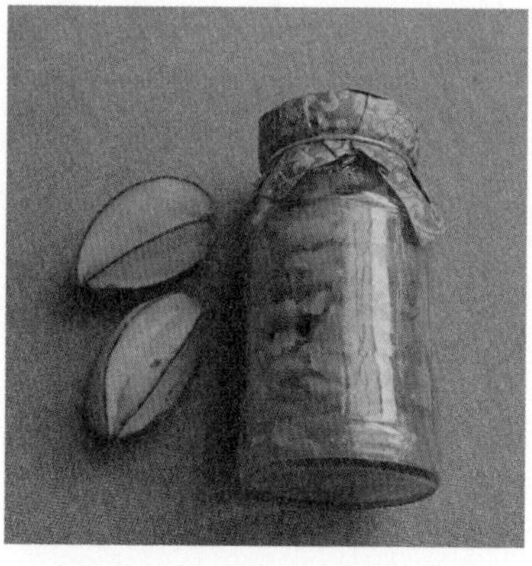

台北故事館員工自製的醃漬土楊桃。

時代殘留的宿舍，甚至還有龍鍾的老果樹，繼續依伴著舊日建築。只是晚近水果栽種技術改良，大家偏好肉質肥碩的水果，傳統居家的瘦小水果，雖然繼續生長，卻早已無人聞問，任憑瓜果落地。

比方楊桃，我們在水果攤看到的，多為二林種，或馬來西亞品種的。此皆來自果園的集體栽培，體型碩大而甜美。絕不可能有土楊桃出現，龍眼亦然。

但我提醒大家，土楊桃的酸味，絕非一般改良後肥美的楊桃可取代，如果看到土楊桃一定要設法索討，甚而購買食用。一來，這種土楊桃勢必無過度噴灑農藥和施肥之虞，二則提醒我們的胃腸，世上還有這類酸澀水果的存在。

後來，我們走進大同大學。該校校園素來以保留傳統老樹出名，土楊桃樹也有四五棵，都比故事館的年歲蒼老，同樣結了纍纍果實。此地更是淒慘，掉落地面的不單無人撿拾，甚至還遭師生抱怨招來果蠅。大家都習慣吃改良品種，無法接受土楊桃也罷，如今還嫌它噁心，真教人慨嘆。

那天解說完後，故事館的工作同仁特別過來跟我致意。為何呢？原來，其中一位志工，以前看到土楊桃隨地掉落，甚感可惜。還專門撿拾，嘗試鹽漬。後來我再去故事館時，她便送我一罐。讓我試吃剛剛摘下的楊桃切片，結果沾糖食用，甚是美味。而在欉青跟在欉黃的相較，醃漬後又各有風味。

她還多送我一袋十來顆的土楊桃。我高興地帶回，小小的土楊桃切塊加二三碗水，連同冰糖放入電鍋蒸煮，好喝又滋潤喉嚨，像我常到處旅行講演，最宜啜飲此物。

日後秋高氣爽時，我都會惦念著，在台北大街小巷漫遊，一定要特別瞧瞧有無結了許多果實，卻無人聞問的土楊桃。除了想潤喉，也要試著醃那麼一二罐，好好悉心品嚐。

(2010.8)

避免黴菌感染，金龍楊桃多半套上塑膠袋隔離。

陳年山楊桃，光用瞧的就感覺口腔湧含酸味。

土芭樂的生存之道

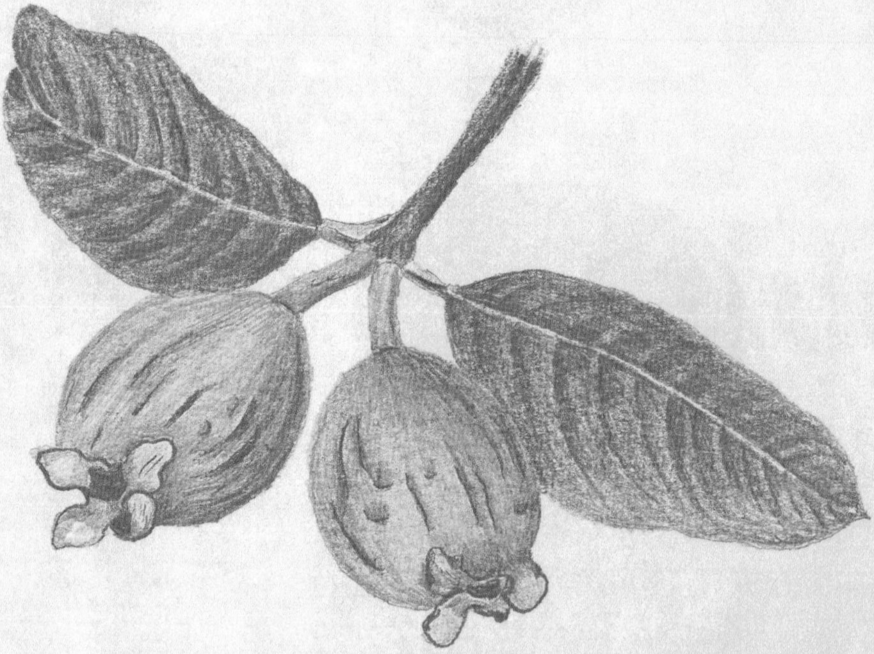

土芭樂：手作彈弓之木，貧窮生活之果。

立秋時節，社區中庭的土芭樂，有幾顆果實逐漸轉黃了。此後大約有兩個月的成熟期。若不摘食，就得等到明年夏天。

看它生長十幾年，今年不知為何，比往年都結實纍纍。白露時愈發熾烈，每天都有乳黃的果實，掉落下來。

通常，掉落的多半已熟爛，喳落地面時，肉漿散射，腐熟的濃郁果香也跟著四溢，煞是好聞。縱使沒有熟果掉落，站在芭樂樹下，閉上眼，深呼吸，照樣聞得到那種質樸的香氣，籠罩整個空間。

有一回忍俊不住，就近摘了熟透的一顆，不過李子般大，試咬之，腐熟軟塌的果肉，自齒間傳出，口感欠佳。不若時下珍珠芭樂的脆實，果肉熟度亦不均勻。再摘一顆皮硬青綠的，盡是粗澀之感，但它繼續報以芳醇之味，教人憶起兒時摘食的快樂。

這時若到市場購買珍珠芭樂或泰國芭樂，再如何啃咬，就是少了這份土香。但一顆顆都比土芭樂肥大三四倍，果肉飽滿，清脆均勻，口感紮實許多。晚近也有改良的土芭樂，果肉

皮青青的土芭樂，還沒長大，硬如石頭。

熟透的土芭樂，咬一口，才知是否為紅心。

增厚許多，種子亦少了，只是仍不及這些外來種。

其實，小時摘食土芭樂，幽微地隱含著種種無奈。一來樹身滑溜不好攀爬，果實各自散在枝枒末梢，常得冒著摔落的危險。再則整棵樹的果實，往往不同時間成熟。每回只能摘到四五顆好吃的。多數果肉熟度亦不平均，常常只咬二三口，就得丟棄。此外，籽特別多，一邊吃總會提醒自己，不能亂吃，以免便祕。

但年紀老大了，再吃到這種童年貧窮時充饑的小水果，智慧難免略有增長。因而竟然有了，牛頓在蘋果樹下，被掉落的蘋果打到頭後的那種頓悟。突然間，我對土芭藥為什麼要長得這麼彆扭，有了盡釋前嫌的理解。幼年對它的偏見，這時都了然了。

原來，這都是它的生長策略。為了繁衍後代，它必須讓自己香氣四溢，吸引覓食者到來。但為了保護自己，結出的果實，又刻意在不同的時間成熟，以免被我們這些惡童或鳥群吃光。每顆的成熟過程裡，果肉更常半硬半熟，讓你咬一二口即想棄食，丟到遠方。你若這麼動作，它也有了在他地發育小苗的機會。

後來，當我帶著這樣的思考內涵，走逛水果攤時，看到那些珍珠芭樂，不免浮昇同情，相信它們應該和土芭樂一樣，早年都有這樣的生存策略，只是被品種改良後，溫馴了。形成一顆顆整齊劃一，肥碩豐腴，色澤鮮亮，教人急欲購買的形容。

現在回家時，經過土芭樂樹，我也常撫摸它光滑的樹身。感謝它的陪伴，也慶幸它的繼續存在。(2008.9)

珍珠芭樂口感清脆甜度低。

遠遠就聞到紅心芭樂的濃郁味道。

牛奶芭樂鬆軟香甜，適合老人家。

重出江湖的白蓮霧

蓮霧：神隱於農家後山的果樹。

現在連水果都流行古早的滋味。

半甲子前，紅色品系的蓮霧經由嫁接、配種或延時曝曬等栽種技巧，不斷地改良上市。蓮霧愈紅愈甜愈加受到喜愛，終而有黑珍珠、黑金鋼等精緻產物，為台爭光。反之，卻也爆發諸多農藥濫用、土壤鹽化等嚴重的環境問題。

當我們意識到，蓮霧的栽種出了狀況時，各種對土地友善的栽培方法也逐一被實驗。而過去棄若敝屣的白蓮霧，在蔬果多樣化的鼓舞下，如今也鹹魚翻身，逐漸在水果攤占有一席之地。

重新站上舞台的白蓮霧，大抵以一個更美的稱呼上市，叫翠玉蓮霧。若按以往崇洋的習慣，往往會宣稱其如何跟國外的優良品種結合。現在反過來，大肆宣揚它的本土血統。其生長季節也不像黑珍珠，執意在冬日煥發，而是回到昔時熟知的夏末。

「這係咱過去吃的白蓮霧！你試過便知，氣味跟過去的攏全一樣。」賣水果的人如此誇讚。

改良品種，重新復出的白蓮霧。

在鄉野旅行，遇見土蓮霧掛枝頭，甚是美好。

我半信半疑，試咬一口，小販形容的過去那種酸澀確實存在。尤其是外皮帶點青綠的，輕輕啃咬時，釋出檸檬般的酸味和果香。內裡的果肉甘甜，不若一般蓮霧的厚重甜膩。但外皮若是淺白的，可能就無此層次的內涵。大體而言，它有一般紅色蓮霧無法展現的回甘。

看到我搗蒜般點頭，他繼續宣稱，「這是從新市來的，純種的。」

台江內海的新市，當然是白蓮霧的大本營。不過，在水果復古風流行後，好些鄉野都有大面積的種植。我很懷疑，這些翠玉蓮霧是否真的大老遠來自南部。

其實，早年鄉野到處都是蓮霧樹，白蓮霧也常邂逅。如今，一些荒廢的老欉都還找得到。

早年的老欉往往特別高大，彷彿大傘籠罩下來，果實結得多，毛毛蟲也很多。以前爬上去摘食，總有所顧忌。多半用竹竿打落。同時吃到的蓮霧，裡面常有一粒黑色的大種子。有時搖晃著還有聲音，像另一種消失的蓮霧近親，風鼓。果眾蟲多，我猜想，這些恐也都是蓮霧的生長策略吧！

翠玉蓮霧風味雖接近，卻無半顆種子。感覺上，還是有些落差，好像還沒吃到過去的白蓮霧精神。

有機會，我到現場的果園觀看，多數長得不高，一如紅色的蓮霧，形成田園般的整

齊，非常容易摘取。

看到衛兵般的翠玉蓮霧，不免懷念早年的大樹身影。儘管摘得費力，吃得也麻煩，但水果的滋味，有時還不在果肉本身而已，擷取過程的點滴，合該也是我們跟蓮霧互動的重要內涵吧。(2008.10)

子彈蓮霧為新時代寵兒，正在竄起中。

黑珍珠廣受青睞，販售者特別用布遮蓋保溼。

苦命的水柿

水柿：九降風下，美麗的乾癟。

冬初時，跟鄭愁予夫婦去平等里爬山。沿途只見好幾家攤販，擺出紅柿販售。我感嘆地告知，「除了草山柑，陽明山還有紅柿。但現在的人都只愛吃甜柿，很少人知道此一特產了。」

看到這種老水果，大家頗感興奮，不免想起它的獨特吃法。早年，紅柿成熟，摘下後，必須點鹼水處理。放在陰涼的地方，過幾日軟熟了，方可食用。無鹼水時，也有人用醬油取代。持竹筷沾醬油，滴在一公分直徑的蒂頭上。過幾日，便是表皮豔紅透明、吹彈可破的樣態。

現在結果數量增加，大多由電石土處理，迅速催軟逼熟，比傳統方法更方便，口感也較均勻。平等里地區數量不多，我買了幾顆檢視，蒂頭都死黑，想必仍堅持古法。

聊著聊著，他們夫婦則懷念起另一種傳統的柿子。原來，出國多時，他們許久未見這種大如拳頭的柿子，特別問道，「還有水柿嗎？」

水柿是南部人的稱呼，北部的人改叫脆柿。或許，詩人夫

草山紅柿蒂頭都死黑，想必仍堅持古法催熟。

一般中南部常見在地甜柿較為澄黃。

婦的經驗來自南部吧。

水柿當然有，只是北部數量不多。在中南部的水果攤，黃澄澄的甜柿旁，總會擺著外皮彷彿裹著白色霜粉的水柿。

以前中南部山區的農家，就算非專業栽種，自家旁多少也會種二三棵，貼補家用。經常爬山的友人，還記得小時水柿成熟的季節，往往摘取生澀的柿果，裝籃、挑擔下山販售。

但也會偷偷保留幾顆。半路上，埋入稻田的爛泥中，放個兩三天，再挖出來，清洗後，好好享用。不過，這種埋藏的土法，不容易香脆好吃，有時還存藏著土壤之臭味。只是鄉下孩子窮慣了，不太在乎這些，總是吃得滿嘴噴香。

其實，早期賣水柿的人，從農家搜購青色的水柿後，都會泡在水桶裡，水中加一點鹽和茶葉，進行脫澀，五天後就變得香脆爽口。又或者，生意更大時，居家用一個大水桶，裡頭泡了石灰水。接著丟進諸多水柿，酸鹼值逐日改變，終至脫澀爽脆。但縱使以此萬全的方法，我們還是常在市面買到浸漬失敗的。既不香脆，果內亦常有黑絲。看來浸泡，恐也是一樁專門的學問。

未隔幾日，我下台中，特別尋找水柿。只見一大水果攤，甜柿旁即有一堆外表灰白的水柿。甜柿一粒三十元左右，但水柿一粒，大若拳頭，竟只賣三元。我隨即猜想，是否浸泡失敗，才會如此賤價。或者製作柿餅的量太多，因而乏人聞問。我更憂心，水柿長期賤價，說不定，日後就更少人願意栽種了。

若回顧其歷史，多年來水柿至少遭受兩波農產品的衝擊。以前許多人為了種茶賺錢，砍掉不少柿樹。再者，外地購買的人逐漸減少，柿子因而沒落，不再是家中的經濟來源。八〇年代台中摩天嶺，自日本引進甜柿種植，一舉成功以後，迅速推廣，蔚成主流。品質不穩定的水柿，更乏人青睞。

其實，水柿浸得好時，比諸柔軟綿密的紅柿，更飽含柿香，口感清脆亦勝甜柿。這是不少老一輩人的生活小常識，想必愁予夫婦也有經驗。只可惜，今人忽略了。（2008.10）

以前農家總會栽種二三棵柿樹於庭院。

椪柑的三樣年華

椪柑：從酸開始的時光，由南往北，一路漸甜。

一般水果攤，縱使是台北永康街、南門市場的，常見粗俗堆疊的手法，教人搖頭嘆息。

台中第五市場，有位中年發福的漢子，大概是我見過最會擺置水果的攤販。

年底了，他把椪柑最後一期的貯藏柑，排成衛兵般的行列，蒂頭一律朝內，肥大金黃的屁股，豐碩地朝外翹出。老闆的用心或者他挑選的椪柑觀點，其實都在此一排列中，通透地展現。我也毫不猶疑地挑出口袋裡的餘錢，搶著購買。

但終歸椪柑如何挑選，才能獲得自己喜愛的呢？這事挺麻煩，還是得回到原點方能解釋得來。話說椪柑的每年生長，大體展現三個層次的食用內涵，考驗著每個人的橘子品味。

椪柑一如多數食用的芸香科，屬於多年生的常綠果樹。其名緣自蒂頭周圍，鮮明膨起。每年九月起，市場上大抵就會看到東山椪柑的看板，高掛在水果攤上。早熟的青皮椪柑堆疊成小山，把南台灣的熱情充分展現。

此乃椪柑第一期，最適宜粗暴式地快意掰開。青皮剝成兩

廢棄的椪柑園沒有噴藥和施肥，果實好天然。

初秋的青皮碰柑，酸氣四溢，女性或許最愛此味。

半，只見淺淡橘紅的果肉露出，放在嘴裡，帶甜的酸氣四溢，女性或許最愛此味。

又沒過多久，東勢的青皮椪柑上市了，仍是青皮的生澀外貌，內容照樣酸甜，但舌尖敏銳者，當知其酸不再寒牙，甜氣亦多了。

約莫十月下旬吧，我們也接觸到第二期，中北部地區的橙皮椪柑出現了。果皮和果肉一併在青綠的果樹上直接黃熟，展現了不同於青皮的風味。

或有摘下後，放置二三日，才出來照見世面。此時果肉甜味壓過酸氣，彷彿空氣都洋溢喜氣。那是十一月冬初，放眼整體態勢，這時彷彿才是椪柑豐饒上市的季節。

冬初的椪柑大抵以屁股開闊帶黃為宜，但過些時就有些複雜。若是聽水果行的，各家都有說法。有蒂頭主義者，也有屁股為依據的美學，更有觀察表皮粗細為準則的行家之見。保證你聽得一頭霧水，不知如何是好。

我誠懇建議，何妨採買幾顆不同造型的橙皮回家。蒂頭突顯寬闊者，屁股暈開呈放射狀者，或外皮金黃均勻者，整體肉質結實者，皆可品評。或可像評鑑美食，逐一剝嚐，悉心比較內容，再挑選自己喜好者。

等時節接近冬至了，椪柑放置一段時間，非新鮮上市了，才算貯藏柑，就是俗稱的橘子。

這之前的椪柑，恕我嚴格定義，是不能稱橘子的。不稱橘，未必不好。只是橘子果肉

甜軟，缺乏酸味的刺激，彷彿變形的椪柑，更吸引老少。
此時，蒂頭不宜過高，肩寬臍深才是要件。屁股凹陷可深，也仍得軟而有彈性，感覺有中空感者為宜。而握捧在心，頗有沉重之氣勢者，吾人亦敢保證，更適合成為最後一期的美好回味。(2008.9)

茂谷柑為每年柑橘類最後一批上市。

過年時才出現的椪柑多半為冷藏或冷凍的，點過退酸劑，且套有塑膠袋以免感染黴菌。

棗子的美麗與陰影

冬末時，水果攤開始擺出許多棗子。不論價格，每一位階的外皮，都展現光鮮的淺綠色澤。

最亮麗的，莫過於肥碩如青蘋果的蜜棗。此品種最常讓我們自豪，放眼世界，委實找不到一個國家，能夠像台灣，種出如此優良的品質。

但栽植的果農想必會娓娓而談，它們在生長的過程裡，每一階段都得對症下藥，經過十幾道防治才能完整保護，方得以如此體面見人。

此話隱含玄機。若換成有機論述，你剛剛聽到的，講白了，應該如下：棗子外表會如

棗子：主流水果裡的A咖。

此明亮，兼及大而甜脆，生長過程想必呵護得相當繁複，少說用了十幾種農藥和生長激素。

從水果攤，買了一斤要價八十元的蜜棗回來時，我正好處於最後這等認知狀態。

這回，看那蜜棗久了，總覺得，彷彿在凝視某些美麗的明星，很可能經常施打肉毒桿菌，或者屢屢整容，乍看年輕，但表情僵硬，猶如玩具芭比娃娃的臉龐。

以前接觸過一位有良心的果農，特別在販售的盒子上註明：「吃我們種的蜜棗，不怕農藥殘留，安全又健康。」這種作法較為誠實，坦承自己有使用農藥。我們食用時，少說有個底。當然也可理解為，沒有使用農藥，不必擔心殘留。

但眼前的這顆，來歷如何呢？我全然不知，試咬一口。結果，吃到一種很不自然的濃郁香氣。不敢確定，它是棗子原本即有的，還是生長過程裡，攝取了某些添加的養分和藥品。豐碩的果肉不斷進入肚腹內，彷彿很飽實。一直吃到最後，才感覺有一種其本身的甜味，用盡力氣方能釋出。

慣行農法栽作的棗子表面多光滑無瑕。

有機棗子雖染白粉病，但是我吃過最美味的棗子。

其實，我只是在試吃。旁邊還擺了另外一顆，昨天才從農夫市集買回來的，長相難看，布滿許多枯褐的粗糙斑紋。

那是一種菌病，又叫白粉病，很多水果外皮都有。棗子在生長過程裡，若不噴藥，一定冒出，而且蔓延快速。如果不防治，它會迅速變黑，完全敗壞。

有機農法不噴藥，栽植的棗子勢必出現白粉病。所幸，還有防治的方法。我認識的一位，嘗試著以食用葵花油加乳化劑，調製成非農藥，遏阻這種變化。但再怎麼努力，幾乎每顆棗子的外皮還是粗糙。若論賣相，有機蔬果裡，最不上相的，當屬它了。

還好白粉病不會影響人體。這位農友因而試著擺放攤位，而且逐一向客人解釋，難看的棗子，其實有美好的內在。

我被他的誠意說動了，而且試吃時，確實有些驚豔，遂買了一袋回家。但我還是有些懷疑，或許，果農當場切食試吃的是精心挑過的。

仔細觀察眼前的有機棗子，除了難看，體積也不若蜜棗那顆的肥胖。我怕先前蜜棗的果肉氣味殘留，認真漱口後，再試。

甫咬一口，齒間隨即蹦出香氣和酸氣。那是以清甜為首，呈現的美好風味。你恍然感受到，一顆真實棗子的存在，很久沒有遇見過。小時候吃過的那種，半甲子後的今天，又回來了。(2009.1)

孤芳乏問的草山柑

農曆春節前一個星期，我最愛逛北投菜市場。

北投國小附近常有粗坑、小坪頂和小菁礐等鄉野的農夫擔著農產下山來，販售自己栽種的蔬果。但我最期待，遇到十八份賣草山柑的鄉親。

草山柑如今市面上不容易買到了，陽明山或許仍有人栽種，只是產量不大，而且多半透過宅配系統，流到傳統市場的已然不多。若有，多半也是柑農零星栽種，或者多餘的，自己賺零頭。

我對這種舊時盛名，如今不敵茂谷柑和海梨仔的過時水果，依舊充滿感情，因而每年

草山柑：北投淺山的年節風物。

總要到此蹓躂，跟這些辛苦的柑農寒暄一番，好讓他們知悉，有人對草山柑依舊關切。

七〇年代在文化大學讀書時，我即經常接觸蒔養柑橘的農民。這時期的草山柑仍維持一定高檔的價格，到處都有栽種。農曆春節近了，草山柑逐漸成熟，柑橘樹上彷彿掛了金幣，柑農幾乎二十四小時站崗，生怕被偷竊。他們常神經兮兮，緊盯著果園旁邊的山徑，擔心登山客闖空門或任意破壞。

惟百密總有一疏，登山客張望東西，樹上垂掛纍纍金黃果實，若四下無人，貪婪者還真會動心。以前還有柑農懷疑登山客偷摘，半途要求檢查背包。儘管柑橘查獲了，登山客卻宣稱是從山下帶上來。兩造說法不一，這種衝突時有所聞。

柑農如此緊張看顧，除了草山柑價格不便宜，更不外乎栽種辛苦。種柑橘的人常說，柑橘的病蟲多，若不噴藥，根本無法種活。他們不只費時看顧，養護柑橘的過程裡，相信也花了不少農藥的費用。如此辛苦栽種，當然無法忍受偷竊的損耗。

當年價格好時，縱使在當地價廉些，我們還是不敢恣意購買。尤其是果實附著諸多小葉者，多半不會碰觸。這類一橘三四葉的，通常意味著在欉黃，剛剛現摘下來，行情正俏。

我們買的多半是沒葉子，很多是剛剛墜落地面，被撿拾來賣的。因不是現摘的，價格便宜許多。只是外表較難看，個個都有鮮明褐斑之點，但風味一樣好。後來，我諳熟昆蟲習性後，才確知那些斑點，都是竹節蟲的啃咬之作。

有一回，在北投看到這樣難看無葉的柑橘時，特地過去購買，販賣的老嫗還誇讚我，「頭家你真是厲害，還知道這一款柑腳的。」

我聽到「柑腳」，頓時有些溫馨，從學生時代後，許久未聽到這個名字了。沒錯，這種無葉斑斑點點的柑橘，因為都是掉落地面，價錢便宜，故而叫柑腳。這是相對於許多仍附有葉子，直接從樹上摘下來賣的草山柑。

草山柑價錢高昂，不只衍生出了柑腳。還有一物，在栽種柑橘的山區特別流傳，那是一種叫柑蟲的昆蟲。

柑蟲是寄生在柑橘樹裡頭的乳白色蟲子，體型大時，有二三公分。長大後即蛻變為赫赫有名的星天牛。這種身體色澤黑白鮮明，頭部長相如變形金剛的甲蟲，我很有情感。小時在台中經常捕捉，苦楝樹最多。捉起牠時，觸角和頭部的扭動常會發生吱喳之聲，感覺好像甲蟲也會講話。

但我從未想到，牠是農民眼中的大壞蛋，柑橘類的頭號敵

過年時，用昔時的竹籃裝載草山柑，充滿喜氣。

人。星天牛雌蟲偏好在柑橘樹樹頭產卵。卵若成功孵化出幼蟲，不斷吸吮樹汁，阻斷柑橘的生長，這棵柑橘就無法挽救了。

一棵柑橘樹價錢不菲，豈容星天牛這般猖獗。農藥尚未盛行的年代，種柑橘的人在春夏之日大概都待在園子裡，忙著捉拿星天牛。他們用某種藤類的樹汁倒入，從樹幹中揪出一條條幼蟲後，並沒立即處死。

這幼蟲即柑蟲，有些北投老人還記得，小時大人都會集聚捉到的柑蟲，放入罐子裡，用糖醃漬。過陣子，再取出來食用。大家或許覺得噁心，但當時物質缺乏，柑蟲可是難得的美味。那時還有不成文限制，只有小男生可以食用，女生只得靠邊站。如此重男輕女，更顯見柑蟲的珍貴。

後來，我聽大陸友人提及，天牛幼蟲捉出來烤著吃，有點像肯德雞的炸雞味道。此蟲蛋白質豐富，若按李時珍《本草綱目》的敘述，應該是上好的中藥。以前鄉下窮人家都把牠當小孩的補品，或者是壯陽食用。

我因而思索，說不定早年北投柑農只給小男生吃，恐怕也有這一因由吧，只是年代湮遠，到後來，就忘記此一習俗了。

我猜想，最後的柑蟲食用時代，恐怕已是半世紀之前。其實，草山柑發展到量產規模時，農友都改用噴藥灌藥的方式，不再以手工對付柑蟲，更甭提捉來食用。

草山柑會式微，不只是病蟲害，還有諸多問題。比如照顧的曠日彌久，僱工價錢上漲，再加上大而甜的椪柑生產季節拉長，又量產，衝撞桶柑的市場，價格遂直直下滑。它的桶柑兄弟海梨仔遍生新竹丘陵，大而豐實，更成為優勢族群。風味特別的草山柑因而受到排擠，逐漸退居非主流的位置，成為被時代遺忘的蔬果。(2008.12)

星天牛是柑橘類的煞星。

黑柿番茄的能耐

黑柿番茄：青澀、粗獷的原味漿果。

初春，沿著竹山附近的公路旅行，路邊的果農開始擺出傳統的黑柿番茄了。

說到番茄，若論果肉肥厚，晚近流行的歐洲牛番茄，或者桃太郎番茄，都超過黑柿的質地。又或者，談及皮層的細緻和鬆軟，大家先想到的，可能也會是歐洲的羅曼番茄，或者日本黃番茄。

黑柿是最早引進台灣的品種，雖然愈來愈不主流，迄今卻仍能維持一定熱度，受到不少人青睞。此時上市的，果實底部，暈開一小團火紅，其他部分仍舊是幽黯的綠意，泛稱為一點紅。咬食時，偶爾還會吃到青澀之氣。

多數人或許不喜，但這種土味，加上清脆的皮層，在生吃時，著實有其他番茄難以取代的嚼勁。烹調番茄炒蛋，其果肉釋出的酸味，更非其他番茄所能比擬。若以甘草粉，拌上醬油膏、薑泥和砂糖，搭配著沾食。啊，那傳統的水果切盤風味，其他番茄更難望其項背。惟等其通體紅暈開了，恐怕就無法享受這等嚼勁。

茂盛的番茄園，猶如一排排綠色長牆。

黑柿番茄的果酸味甚於其他番茄品種。

因為有此偏執，看到了黑柿上市自是興奮，旋即下車購買。看著外貌肥碩、完美，顆顆如翠玉，比孩提時更加豐滿，不免驚歎，現今農作的改良技術。

那段時日，正好去了一趟金門。在當地走逛菜市場時，發現黑柿番茄也不少。金門土質貧瘠，在地自產的蔬果有限，大陸和台灣運去的倒是占多數。他們在採買時，都知道如何分辨。若論品質，金門人最偏愛台灣產的。不只好吃，外表亦亮麗許多。大陸次之，在地的最難看。

但三地都有生產的蔬果，並非每種都容易辨認，比如芋頭、高麗菜。黑柿番茄是較容易區分的，因為金門栽種的主要便是此種，其他番茄多是外地過去的。

此地黑柿番茄，很明顯因土質不佳，缺少施肥，長得營養不良。外貌瘦小。凹陷歪凸者，比比皆是，賣相頗糟糕。難怪金門人談到台灣的水果，都要眉飛色舞。

但我卻有另類思考。仔細觀察，販售者皆為老嫗。她們栽種黑柿番茄，多半是自己食用。生產多了，才拎到市場兜售。金門人口不多，黑柿番茄更不可能量產。我想像著，這些長相拙劣的果物，應該比其他地方的更加少噴藥、少落肥。

很高興在此邂逅，比小時候更生澀，甚至更硬皮的黑柿番茄。它很接近我偶爾在農夫市集買到，或者一些自然農法個體戶出售的。只可惜，金門的果物嚴格管制，無法運送到台灣。原本想買一箱返台的欲望，只好在當地，連著幾日，以番茄炒蛋，或者生吃解饞了。

我在台灣購買，很多茄農都說，「若不噴藥，哪可能種出好看的黑柿。」他們總是強調，在藥性消退的安全範圍下，才會出售。如是栽種之說，令我看到長相出眾的番茄，總是不安地沖洗多回。

黑柿番茄因病蟲害，又不如牛番茄的質地堅硬，適合長途運載，一度量產萎縮。前些時，新的黑柿番茄亞蔬二十號問世，抗病強大，量產高，不若牛番茄的弱點一併解決，因而保住維繫的優勢。

現代水果，乍看琳瑯滿目，色澤多樣，不斷有適應環境的新種引進。在其鮮豔肥碩的外表背後，其實隱伏著激烈的競爭關係。傳統水果因而相對衰微，不易在市場的機制裡保持優勢。

黑柿番茄即面臨此一威脅，所幸仍能維持一定數量。放眼傳統的水果，有此能耐者亦不多。(2012.5重修)

茄農正在照顧番茄小苗。

輯五

小吃的啟發

玉里麵。

堅持手工

在地人傳授我用餐技巧，點乾麵，吃完再加湯。

玉里麵用料實在，滋味家常。

玉里麵是玉里的特產。菜市場角落，有家觀光客最常走訪的，不久前，價錢悄悄上漲了。

以前若點小碗，價錢不過四十元，如今漲了五元。雖說小碗，麵條上面不僅疊著四五片瘦肉，還搭配豐富的豆芽菜和韭菜，在台北已接近大碗的分量。小碗如此，若是大碗的內容，相信胃口很好的人也能吃得滿足。

那天是新曆年初二，我因趕路，早上九點即來報到。怎知，店裡早坐了八九成的客人。一大早，為何就有許多人來吃麵？探問後方知，當地人多半務農，一大早就要出門勞動，總得先吃飽才有體力工作。因而同樣是麵攤，當地店家都特別早起煮食，好讓客人方便用餐。此一習慣久了，隱然成為玉里鎮早餐的飲食風格。

除了這個麵食生活的獨特性，玉里麵本身也是一奇。麵條乍看似油麵，只是較細瘦、緊硬。其中緣故何在？吃了幾回俗又大碗的玉里麵，我便想找到具體的答案。

此後有回暑夏，在菜市場走逛，邂逅了一家製麵店，奇巧地設在市場大樓裡面。原料在此，難怪周遭遍布著玉里麵的小吃攤。

到訪時，老闆正在製作玉里麵。我看得興起，幾度徘徊不去，極欲跟其攀談。怎奈天氣燠熱，市場空間狹小，人來人往地交易，難以長時湊近。他又賣又做，汲汲執行著製麵的每個步驟，忙得滿頭大汗，抽不出時間和人閒聊。

我原本想改天再去了解。豈知，去年底再次造訪時，菜市場竟遭祝融吞噬。大樓內的諸多老攤都作鳥獸散。有的就此消失，幸運者才能在周遭租屋，營營役役再度開張。那回，玉里麵小吃店仍到處可見，我猜想，他應該也還在附近吧。於是四下尋找，隨興走逛後，終而再邂逅。

時過中午，生意清淡了，他一派輕鬆地站在門口，報我以微笑。我知道時機難得，趕緊提問表明來意，他看我對麵條滿是好奇，興致一起遂逐一操作，讓我這個意外現身的陌生旅人，更能深入了解。

大抵上，一般油麵煮熟撈起後，過冷水加油，但玉里麵不過冷水。此一省略，帶來兩個好處。第一，玉里麵麵條因而不蓬鬆。撈瀝後直接加油，吹電風扇冷卻，麵條更加緊實。第二，一般油麵會過冷水，但是對於水的品質，各家要求不一。玉里麵少了這道手續，反而減少細菌汙染的可能，提高了健康衛生的保證。

這些我和老闆都有共識，但他還有一得意經驗，玉里麵放置冰箱冷凍五年，還能保持Q勁十足。此外，玉里麵加鹼，不添防腐劑，且不摻任何食用色素，因而沒有一般油麵的鮮黃。我隱然感知，或許這些都是玉里麵的特色吧。

但製麵的工作十分艱苦，每天早上四點起床，固定晚上九點半入睡。老闆的雙手因長年翻動熟燙的麵條，整日頻繁沾油，一個粗壯的大人，雙手竟比女生還細緻，彷彿煞費周章保養。

他費工揉麵，一天只能做三五百斤，體力付出不少，有時也常腰痠背痛。我問為何不改用機器，解決這一麻煩，而且可以量產？每行都有自己的工作法則，製麵也一樣。他苦笑著回答我，用手揉較有情感。

曾有廠商提議合作，但是他拒絕了，畢竟用機器取代，很奇怪，彷彿失去做麵的意義。手做的量雖不多，但自己做的，光是在玉里賣就足夠了。如果量產，壓力大，不見得好。有錢，沒時間沒健康，不一定划算。看來他的製麵哲學，以產品和生命的品質為前提。

製麵的老闆姓邱，市面上的玉里麵，七八成來自他的店。製麵技術和店面皆是家傳。父親做麵二十年，他是獨子，從小就在製麵的環境成長。別人打棒球打籃球時，他必須在家幫忙。

小時不能跟其他孩子一樣玩耍，曾有痛恨做麵的階段。長大了，卻堅持要做麵。退伍後，接下擔子，迄今二十三年。他希望兒子將來也能承接志業，但先到外頭闖一闖。闖過了，再回來。見過世面後，才知道如何守成，或者開創事業。聽起來，是一般尋常教養，但塵世的人生道理，何不就該如此？

跟製麵店的接觸，我更隱然感覺，玉里麵在此小鎮已積累出商譽品牌和聲名。從煮食

追溯到製作，每個步驟仍堅持鄉村樸實知足的生活法則，因而逐漸形成一個代代相傳的飲食小傳統。(2009.5)

費力瀝乾熟麵水分。

迅速翻動燙麵，均勻上油。

將切好的麵條一串一串掛好。

羅東紅豆湯圓。

專情一物

圓潤的湯圓搭配濃稠的紅豆湯，很有太平盛世的幸福感。

湯圓店仍堅持使用瓷碗。

雪山隧道通車後，若前往花蓮，我習慣搭乘葛瑪蘭號到羅東，再轉乘火車。時間從容時，還會提早抵達，順道走逛羅東夜市。

我對這小鎮的夜市情感甚深。年輕時當海軍，軍艦一泊靠蘇澳，艦上的水兵都會北上那兒走逛，我也是每趟必訪。過往迄今，此地一向被渲染為東海岸最熱鬧的夜市。

近年我對人潮喧囂所發展出來的夜市食物興致索然，走訪的時間多改在白天。早上時，羅東夜市搖身一變，成為附近最大的菜市場。周遭幾條街衢都是熱絡的蔬果、肉品、點心和衣物買賣。我特別偏好，從這裡販售的蔬果，了解蘭陽平原的農產輿情。

有家傳統的紅豆湯圓，便是在這樣的清晨裡，印象深刻地撞見。當市場熱鬧滾滾地叫賣，周遭盡是忙碌的攤販和人潮時，只見它安靜地坐落在中山路和中正路交會口。幾張簡單的桌椅，沒牌無名，兀自以兩大口鍋，熬煮著紅豆和湯圓。客人少見爆滿，但小小店面總有三四人，陸續進出，好像這樣也就

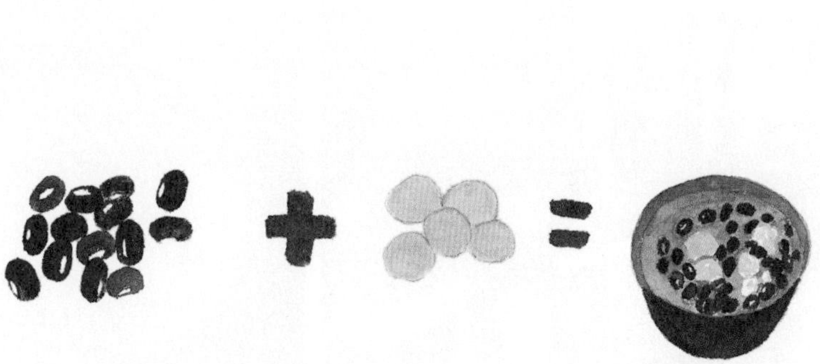

紅豆加湯圓，溫潤了冬天溼冷的蘭陽平原。

可以了。

老闆煮完一鍋又一鍋，不時有人進去食用。我觀望了二三回，都未進門賞光。那時都是依著美食資訊，先去買包心粉圓、宜蘭蔥餅，或者小籠包之類。但我注意到，上門光顧的，都是熟門識路的在地人。

一回閒空，不小心進去喫一碗後，沒想到就此迷上。這家湯圓店煮法非常古典，彷彿熬煮中藥般，一直微火燃點，維持熱度。兩款食材，湯圓偏軟，紅豆綿密，瀰漫熱騰騰的台灣古早味，絕非現今飲品那種輕浮。

我偏好坐在熬煮紅豆的鍋子前，那兒擺著老式的長條木椅。老闆會端上彷彿七〇年代的青花磁碗，裡面盛滿了熱呼呼的紅豆湯圓。一碗三十元，紅豆熟透墊底，湯圓白蓬蓬浮滿。

小小的店面雖無招牌，但有一幅日本書法匾額，兩個大字寫著：「養神」，邊角有書寫者寥寥幾字落款。想了許久，不知其意。後來揣測，紅豆也是中藥補品，補血補熱補氣，因而此二字應有養身之指涉吧。

小攤小板凳隱身於市集，四十年未變。

店內只有兩鍋食材，不斷文火熬煮。

有一回，連綿冬雨，冷颼颼之日，走進店面食用。那天是孫字輩的姐妹花掌舵，我一進去就跟她們說，「怎麼一個星期都下雨，做生意很辛苦吧？」

其中一位回答，「以前宜蘭都是這樣的天氣啊！只是近幾年反常，這個月才恢復過去的樣子。」

飄著綿密雨絲的日子，享受一碗長時熬煮、甜度濃厚的紅豆湯圓，整個身體頓時暖和不少。她這一席話，我也才猛然體悟，他們為何在此開設紅豆湯圓店，而且一賣四十多年。

更教人驚奇的，多年來就這麼一款紅豆湯圓，別無他料。現在流行的甜品，都是想辦法多樣多元，但這無名之店的老闆跟過去一樣堅持，只想維持紅豆和湯圓的特色，四十年如一。放諸台灣的飲食圈，這樣經營小本生意委實少見，更何況在東海岸的城鎮。

我想這間無名之店，已不是美食二字可以涵蓋。很多遊客打尖而來，發現此地美食指南或者旅遊圖鑑未介紹，也未張貼什麼報導，經常過門不入。老闆卻不在乎，更婉拒採訪。姐妹花跟我苦笑強調，「照顧現在的客人都忙不完了，最好不要報導，免得麻煩。」

他們不只堅持湯圓紅豆價錢不變，連機器、鍋子和店內裝潢都保持老舊的樣式，跟外頭的菜市場隱隱契合。此一單品飲食的質地，更悄然地在當地人的心裡激起漣漪，內化為羅東的代表味道。(2012.2)

苑裡芋蔥粿。

在地茶點

黃槿葉鋪墊的芋蔥粿有獨特的美學。

苑裡的芋蔥粿常和其他傳統粿點一起販售。

冬末時搭乘火車，在海線旅行。

從火車往外眺望，凡青綠鄉野，除了水稻外，芋田最為常見。這兒栽種的，主要是檳榔心芋。我更如預期，在苑裡菜市場，邂逅了添加芋頭的傳統粿點，好幾個小攤都有販售。

但初次邂逅有點失望，乍看下，這個名之為芋蔥粿的粿點，製作手法有些粗糙、草率。

粿身凹凸不整，厚度僅一公分多，表層配料也顯寒酸，以菜脯為大宗，點綴零星的油蔥和蝦米，連蔥花都較為細小少量，幾乎看不到主角芋頭，彷彿只是藉其名魚目混珠。若要找一個全台灣最單薄的粿點，恐非苑裡的莫屬了。

它的形狀也沒什麼美感，約莫巴掌大，不方不圓，大致是一個橢圓內容。唯底層以海邊常見的黃槿葉鋪襯，甚是美好。過去中南部的粿食，很多便以黃槿葉墊底。

黃槿經常密集生長於海邊，乃天然防風樹種，取得容易，理當視為上好的材料。但放眼望去，此地還有血桐、構樹等，何以獨受鍾愛？實因後兩者都不若黃槿葉的緊實、粗厚，又具

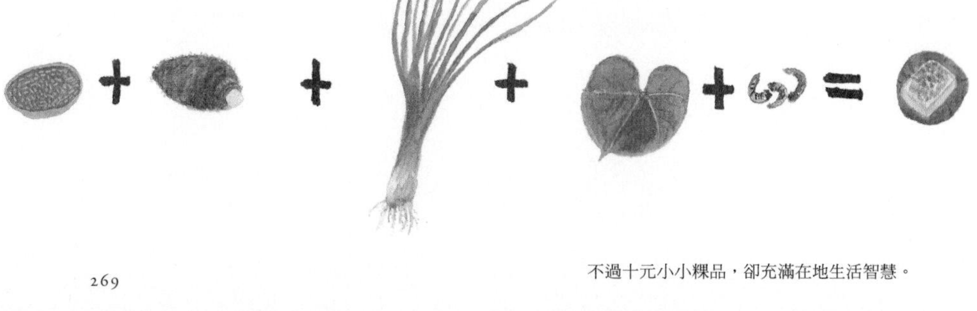

不過十元小小粿品，卻充滿在地生活智慧。

黃槿依舊佇立海濱，惟粿葉樹風光不再。

我蒐集掉落的黃槿花，準備油炸食用。

光滑效果，適合炊煮。

又據說，黃槿葉蒸煮時會釋放草本香氣，增添粿食的風味。若真有此一妙，黃槿更是無可取代了。過去的年代，孩童們為賺取零用，還會努力蒐集葉片，攜抱到市集，賣給蒐購材料的商家。粿葉樹之暱稱，想必是由此而來。

只是，現代生活遠離舊習，苑裡的芋蔥粿迄今仍繼續沿用黃槿，不免引發我的好感。更奇妙的，當我由此揣測，反而逐一理解苑裡芋蔥粿的獨特，益發感受它的樸實美好。

原來那被我嫌棄的粿身，實乃因應黃槿葉之道，譬如大小隨每片葉子面積而定，單薄的厚度則受限於葉子的承受力。再細數粿點食材，皆是隨手可取得。青蔥係當地旱土葉菜，蝦米是海岸尋常漁撈之物，芋頭則是當地盛產。

在苑裡菜市場，芋蔥粿也非單獨擺售，多半和其他傳統糕點一起雜陳，諸如草仔粿、紅龜粿和麻糬等。也有的，跟蔬果一起並列，一個價廉到只要十元，足以證明此粿之尋常，是道地的地方點心。據說趁熱吃，香氣十足；放涼了享用，口感Q

芋蔥粿是苑裡、通霄一帶農人的下午茶。

滑，兩者都有人偏愛。

在地人還提點，芋蔥粿有如當地農人的下午茶，是苑裡、通霄沿海一帶方有的粿點。難怪日後內人翻查傳統小吃、糕粿製作等相關書籍，遍尋不著芋蔥粿身影。除了外型、黃槿葉墊底，較諸於台灣常見的芋頭粿點，製做芋蔥粿的米漿也不相同。譬如芋粿巧採用糯米漿加入芋頭丁等材料捏製，台南芋粿則是採用大量的芋頭絲添加些許地瓜粉漿。至於道地的芋蔥粿，係由在來米磨成米漿，壓乾水分，再拌入芋頭丁製作。因為沒有添加其他粉類，所以粿身呈白色不透明狀。

年初，在臨近的勝興車站，邂逅另一種芋蔥粿。那粿點方整肥厚，做工細緻。溫潤的粿身，嵌著可觀的芋頭丁，表層配料更是豐盛，厚墩墩的菜脯、豆干丁、蔥花和蝦米，教人垂涎。現在回想推敲，或許那款芋蔥粿係因應觀光而出的升級版吧。(2012.4重修)

台南芋粿，芋頭絲上鋪放店家自製的肉燥，香氣逼人。

台中大麵羹。

懷舊鹼味

大麵久煮後，鹼味泰半釋放於湯頭。

大麵羹的羹，暗藏玄機。

中部地方有一句俗諺：「五月立夏，買蒲仔買麵補老父。」相信老人家都很熟稔。

這句話大抵是說，農曆立夏時節到了，嫁出去的女兒，應該買當令的蒲仔、蝦米和大麵，有時再添加一些三層肉，回娘家去孝敬父親，滋補其身體。

台中公園附近一家知名大麵羹的老闆，告訴我這個饒富意義的故事後，緊接著，滔滔不絕提及，有一回，有人把蒲仔麵煮成湯麵，燜熟後，發現更加可口。日後便試著挑擔販售，逐漸流行。大麵羹便是經由此等轉折而問世。

惟大麵羹何時出現，已經難以考證。如果溯及蒲仔麵，很可能遠及日治時代。我只確定，它盛行過好長一段時間。大抵在我讀國中之前，那時還未實行九年國教。台中的市二中、市三中、市四中、市五中等初級中學的福利社，都有賣大麵羹。

我家附近的市四中，現今的崇倫國中還是最早販售的學校，而且一賣十幾年。比現今什麼陽春麵、牛肉麵都還普及。從這種學校販售大麵羹的情景，我們也不難推想，大麵羹在台

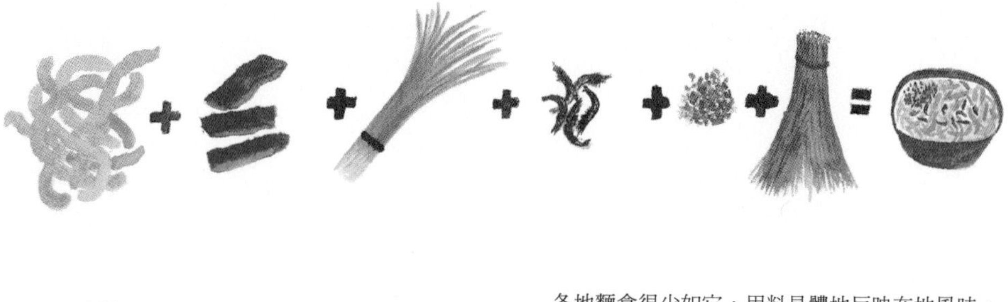

各地麵食很少如它，用料具體地反映在地風味。

中曾普及的盛況。

那時大麵糠是尋常啖食的點心。除了街上販賣，割稻時節，農家婦人會在家裡烹煮一鍋，過了晌午，擔到田裡，請幫忙割稻的人食用。這類點心還包括了米苔目、鹹粥等。跟這些相較，大麵糠算是割稻飯的上品。

啊，許久未吃到大麵糠了。有天和母親一時興起，開車四處尋找。結果繞了老半天，好不容易才在第五菜市場四維街街角，找到了一家。它原來設攤在樂群街，算是較知名的。

以前，好像隨便彎個小巷小弄，就可遇見大麵糠。經過這回的辛苦尋找，日後特別注意，記錄販售大麵糠的店家。結果赫然發現，恐不及十家。最遺憾的是，建國市場附近曾出現一店家重新開鑼，還豎了許多旗子大肆宣傳，後來大概是生意不好，不到一個月便草草結束。

殘存的店家，分布大抵在台中火車站前，半徑約一公里內的範圍。這是舊台中的主要生活圈，似乎反映了大麵糠並未隨著市區日後的重劃，散播出去，或者發揚光大。這個足以代表台中傳統的粗俗麵食，跟舊台中一樣，局限於某個小區域，淪於自生自滅。

或許，誠如友人韓良露所稱，隨著農村式微，加上台中求新快速變遷的性格，導致大麵糠的沒落。多數在地長大的年輕人，不識這種台中獨有的麵食。

經過二三十年蟄伏，在懷舊的風潮下，如今大麵糠又逐漸發燒了，甚至被有些網友捧為台中小吃三寶。一些街坊小攤，紛紛掛出看板。連重要外賓走訪台中時，市長胡志強都大力招待此一地方家常美味。

難能可貴的是，大麵糠並未隨物價高漲而被哄抬。一般小碗約二十五元，大碗三十五元，無疑是台灣最便宜的麵食之一。在不景氣的時代，這一凍漲恐怕也是異數。

更教人玩味的，或許是它的內容。從過去迄今，此一大眾麵食的基本食材不曾更迭。主料為大麵的粗寬麵條，上頭再添加韭菜、蝦米油蔥酥，有些還額外提供菜脯。所有配料皆為尋常、平價的食材，透露出簡樸的本質。

只是，即便是平民滋味，仍有所講究。除了韭菜不宜久煮，蝦米油蔥酥的炒製不隨便馬虎，連搭配的醬料都有學問。我熟識的一家大麵糠，麵條來自開業六十多年的製麵店。麵粉加以適量的鹼粉，做出的粗身大麵，經過半小時的熬煮，頗受到好評。

製麵阿伯煮的大麵糠，添了少許醬油提味。

有一回，我禁不住，再問那位老闆，幾個甚為關鍵的問題。他的回答，讓我相當感慨。

譬如我很好奇，韭菜在大麵粳裡扮演的角色，除了色澤漂亮，還會有什麼意義？於是開口道，「為什麼只用韭菜？不用其他葉菜類？」

他聳聳肩，「不知道，大概這一菜的性質最適合吧。」

「為什麼不用木板蓋了？」如今大麵粳販售時，多半以小火在下頭不斷加熱，爐子再蓋一個大鋁鍋蓋。我以為，大麵粳應該以木板蓋保住熱氣，才符合大麵粳久煮不爛、越煮越香的燜煮特質。

老闆解釋道，「木板蓋太重了，怕掀開會撞到其他物品。」

我看到木板蓋放在後頭，單手試拿，相較鋁蓋真有些重量。但若因此放棄此一特色，還是覺得可惜。

「為何招牌是加了「米」字旁的粳，非「火」字旁的焿？」我繼續追問，一般傳統老店，都是掛上米字邊的大麵粳。

這位老闆賣大麵粳約莫四十多年，少有人比他了解此種麵了，但對粳字竟有些困惑。

他反問我，「不然，要用什麼字？」

老闆或許知道此粳即鹼的台語發音，但可能並未了解大麵粳的鹼，早年是將稻草燒成

灰後，加水過濾而得，才會採此「糠」字。

他的回答讓我有些失望。不過，內人比我記掛，後來便獨自循線溯及源頭的製麵店。

店家坐落在市場外緣的老舊屋厝，一位阿嬤正坐在門口的椅凳上。「有賣大麵嗎？」內人迅速掃視窗口的陳列架，不見目標，聲音因而有些急促。

「喏！」一位歐吉桑從屋內走出來，指著門邊的層架，那兒擱置了一堆麵條。

「咦，怎麼是白色的？」她慌張詢問。

「呵，沾了地瓜粉啊，麵才不會黏嘛！」老人家似乎覺得有些無知可笑，慢慢和她聊了起來，後來還端出早上自己煮的大麵糠，讓她品嚐滋味。內人直誇，比先前在知名店家吃的味美。歐吉桑很自豪，旋即指導烹煮技巧，諸如一斤生麵搭配的水量為二千五百毫升，加點醬油可提甘味，先炒香蝦皮再加油蔥酥等等。

「你用的是什麼鹼？」內人趁勢提問。

「鹼粉。」歐吉桑回答地直接。

「以前有用稻草灰嗎？」

「從我學做麵以來都是用鹼粉。稻草灰，那是清洗東西用的啦。」內人轉述，歐吉桑似乎對稻草灰很感冒。然而，早年大麵確實是使用天然鹼水製做，麵條色澤較為淺淡。鹼水造就了別具一格的滋味，這也是大麵糠的精義所在。而這鹼味，好惡者還真是兩極，不習慣的嫌古怪，偏好者卻念念不忘。

其實，不論稻草灰或其他草木灰泡製的鹼水，比例的拿捏都是一門功夫。濃度高，鹼性亦增，可以清潔，但不宜食用。只是數十年來，草灰水的使用鮮少，懂得這項古早智慧的耆老恐怕寥寥無幾。

「那麵的黃色呢？」內人繼續追問。

「食用色素黃色四號。」講究如他，長期以來都選擇日本製的。摻入這種食用色素，大麵羹才會形成黃濁的色澤，增加羹意的四出。但食用色素再如何安全，總讓人擔心，我對這種代表性十足的尋常美食，不免有些挑剔。

沒想到不小心吃了一碗大麵羹，反而帶來更多困擾自己的問題。但我倆也因為這樣的探尋，對這種地方小吃的持續美好，產生了更大的盼望。

真希望有朝一日，在台中街上，看到有家大麵羹，繼續堅持笨重的木板蓋，還有使用天然、安全的添加物製作麵條。既然要懷舊，就懷個徹底，把以前的天然風味百分百找回來。（2012.4重修）

木板蓋可以保住熱氣。

店家不停地撈麵，足見生意之興隆。

鹿港蝦猴。
生態手信

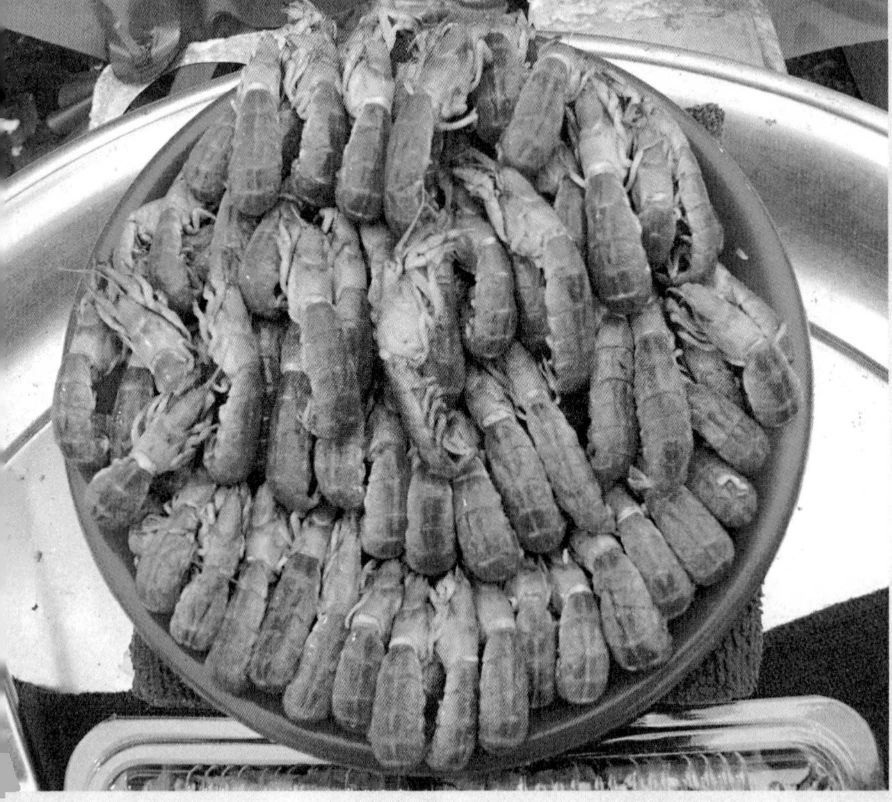

帶卵之母蝦猴水煮後，都會被悉心排列整齊，較有賣相。

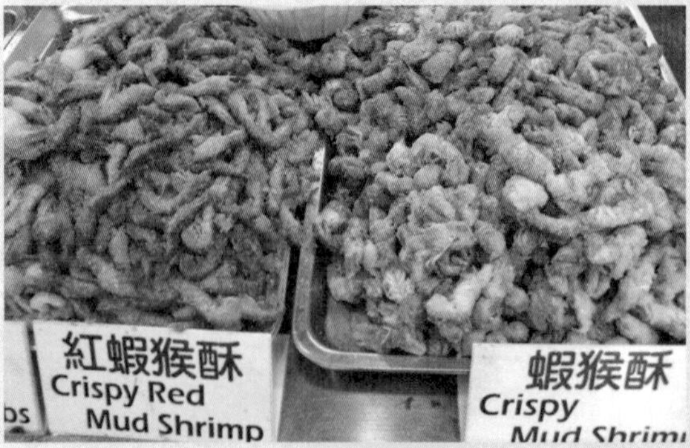

炸蝦猴是晚近新興的吃法。

蝦猴之於鹿港，一如櫻花蝦跟東港的緊密。

半甲子前，我常去鹿港海邊。下車的地點在媽祖廟前，因而常在廟口走逛。當地婦人總有十來位，一貫頭戴斗笠，包裹著百般袖套。各自選擇一角落，靜靜蹲坐，等候顧客上門。極少像其他小吃攤和餐廳的夥計，積極地招攬觀光客或兜售特產。

她們主要販售蝦猴，旁邊還放置著捕捉的竹簍和鐵耙。擺在盆子裡的蝦猴，一看即知都是剛剛才捉獲。也有的人好整以暇，水煮好了幾盤帶卵的母蝦猴，精心地擺置整齊，吸引顧客上門。以前醃漬的蝦猴口味鹹重，當地因而流傳一句俚語，「一尾蝦猴配三碗粥」。逆勢思考這句話，它也意味著，蝦猴不用吃太多。

上個月在此走逛時，販售蝦猴的個體戶減少了，小攤規模的卻增加，擺售的內容也有了具體變化。新鮮剛撈捕的，以及水煮的並不多見，婦人們也沒有將傳統捕蝦器具擱置在旁。如今在媽祖廟前，放眼過去滿街盡是酥炸蝦猴，荒謬地加了兩三根塑膠製的辣椒，意欲美化賣相，吸引顧客購買。

還有好幾輛小攤車，以蝦猴製成的蝦猴醬、蝦猴鮭、蝦猴XO醬、香辣黃金蝦猴、蝦猴酒……各式醃製品、醬料，跟蚵仔、珠螺等食材琳瑯滿目地羅列，足以證明蝦猴之夯。新鮮的蝦猴取來製作醬料，早年即是當地傳統的食用文化。晚近因觀光旅遊活絡，顯然開始量產，方便遊客帶走。

話說回新興的酥炸蝦猴，店家選用價格較低廉的公蝦猴和產卵後的母蝦猴，裹上粉漿，經過二次油炸，不僅香酥美味，同時遮掩了蝦猴的奇特形狀。據聞早年當地並不食用公蝦猴，油炸料理更是暴殄天物。現下此一炸物廣受青睞，顛覆了昔日傳統，更促使蝦猴的利用，不分青紅皂白地增生。

再走進餐廳，以前常賣海產和蚵仔煎的小吃，如今都把蝦猴列為遊客逛鹿港的佳餚，各式蝦猴料理皆有。日後我走訪王功，發現蝦猴在此也搖身成為非吃不可的美味。

鹿港的遊客量持續增加，帶動媽祖廟前蝦猴的需求，此一傳統小物遂轉變為美食特產。惟一旦名產化了，傳統捕捉蝦猴自是無法供給，只好改用抽水馬達，才能獲取更多的數量。

台灣好幾個海岸都有蝦猴的暱稱，但種類截然不同。鹿港的蝦猴，指的是生長於潮間帶的螻蛄蝦。蝦猴是泥質灘地底層的消費者，長時躲在泥灘下，游泳能力薄弱。主要攝取泥質灘地的有機微粒、動物性浮游生物，且能夠解食矽藻。濁水溪以北，中部彰化一帶沿海廣袤的泥灘地，分布最為普遍。

以前退潮時，海邊的村婦人手一個竹簍和鐵耙子，撩起褲管涉入泥質灘地及時捕捉，短短三四小時，努力耙捉，大抵能賺進全家一天的生活費，海岸生態亦未受到太多干擾。

現在需求量大增，一個人帶著小小的抽水馬達，接上長長的水管，水管插入泥沙中，灌入

強勁水柱。急水注入蝦猴棲息的洞穴，造就土石流般的摧毀。蝦猴毫無躲避的能力，都被沖到泥灘表面，大小皆被輕易捕撈。

利用馬達加壓灌水，捕捉的數量遠大於傳統工具的逐一耙抓，撈捕者時而一天有上萬元收入。漁民收入大大增加，相對地，傷害了蝦猴在溼地的數量。更糟的是溼地生態受到連鎖衝擊。傳統挖掘的面積不大，對於泥質灘地的改變有限。馬達一抽取，被沖刷過的土質鬆軟如爛泥，恢復變得遲緩，底棲動物遂難再生。

在媽祖廟前販售的海產當然不只蝦猴，走逛一圈，約略可瞧見此地海岸重要的生物，諸如赤嘴、牡蠣和文蛤等。若走到泥質灘地，還會見識更多人類無法食用的藤壺、寄居蟹、和尚蟹、海蟑螂、招潮蟹和彈塗魚等等。這些動物和蝦猴一樣，吸引了各種水鳥的到來。但水鳥也因人類捕捉蝦猴而遭殃，種類和數量相對減少。早年水鳥的豐富景象，當我跟此地賞鳥團體興奮地描述時，彷彿白頭宮女憶當年。

半甲子前我去鹿港，不只停留在鹿港，那是過境之驛。最大的樂趣便是沿著現今的鹿港大排，繼續往前走到海邊，遠眺著泥質灘地，觀察那些懼人而難以辨認的水鳥。有時我必須跋涉長長的泥質灘地，才能駕起望遠鏡近瞧，仔細端詳牠們，各自以不同的嘴型和攝食技巧，捕捉不同的獵物。

我很少坐赤牛車。每次看到漁民駕著赤牛車，總是忍不住地感傷。尤其遠眺灰濛濛的海平線，看著一輛赤牛車拖著鮮紅的木輪，走在空曠的泥質灘地，心頭悸動愈發強烈，那是台灣最貧困的生活畫面之一，也是自己年輕時旅行此地的印記。

人類在此生活艱苦，不一定代表溼地貧乏。瑞秋・卡森書寫的幾本海洋鉅著，一再提醒我，潮間帶是世界生物最為忙碌豐富的自然環境，同時也是生產力最高的地方。只是一般大眾不解，總以為是堆爛泥巴。半甲子前如此，現在亦復是這等看法。

鹿港周遭的海岸就在如此盲目的認知下，逐一淪為火力發電廠、濱海工業區、垃圾傾倒區，前些時還差點成為石化工廠預定地。從大肚溪到濁水溪口，我所認識的每塊溼地，幾乎無一倖免。

酥炸蝦猴的興起，婦人不再用鏠子捕捉蝦猴，或者蝦猴醬的大量出現，這些場景都直指兩個有趣的提示。

一則，幾十年來媽祖廟前固定有販售，顯見此地蝦猴數量一定非常豐富。蝦猴的源源不絕告知了，海岸有廣闊的溼地。君不見，退潮後，赤牛車涉入潮間帶，由東往西，還可以走四五公里之遙去採蚵。可見此溼地之遼闊，這是台灣時而看不見的國土裡，最龐然的一塊。

二來，蝦猴豐富了當地的食物文化特色，同時改善當地的漁民生計。但採用馬達捕食，以及大量販售，其實也昭然預示了，一味捕捉下，蝦猴可能面臨滅絕危機。此一溼地

若少掉了蝦猴，潮間帶豐富的食物鏈，勢必遭受莫大的衝擊。

彰化環保團體很早就注意到蝦猴的困境，大概六七年前，大家把心力放在大肚溪口南岸伸港溼地的破壞危機，和政府協商後，勉強劃定了三十六公頃的蝦猴保護區。

我認識一位阿嬤，二十年來固定從伸港搭公車到台中第五市場賣海鮮，她弟弟以前在外海捕魚，後來撈捕有限，閒賦在家，乾脆應徵為看顧蝦猴的巡守員。

當然，大家最期待的，還是訂定一套永續的繁衍和利用計畫。這計畫最好能擴充，一直延伸到濁水溪口以北，將來馬達抽取也宜適當管制區域和季節。蝦猴嚴禁濫捕，自然兼及其他海岸生物的棲息，整個海岸溼地方能完整地保育下來。

(2011.7)

蝦猴醃製品搖身成為鹿港特產。

台南綠豆湯。

簡單之道

就是這一口，讓我體驗到綠豆湯的經典。

粉角仔好似小冰塊。

一般人喝綠豆湯，往往只重口感，很少注意色澤的差別。我則誤以為綠豆湯愈濃稠愈好，最美味者莫若雨後之混濁。

這偏見還甚早，遠自小學五年級暑假，觀看媽媽煮綠豆湯即牢牢萌生。媽媽的煮法很尋常，都是先將綠豆浸水好一陣，再煮滾。開蓋，將削好的地瓜加進去一起煮。熟透後，放入適量的砂糖。有時不吃熱的，等涼了一陣，放入冰箱，過了午後才取出來享用。那甜膩而冰涼，帶有地瓜甜味的濃稠湯汁，遂成為我記憶中最美好的綠豆湯。

我喝綠豆湯的品味有所開竅，應在南部當兵服役時。那時弟弟在成大就讀，有天趁休假時去探視。未遇，走出校門，天氣悶熱難消，看到一綠豆湯店面，客人特別多，因而順勢走了進去。當時在吵雜而擁擠的人潮裡，只想快點喝完走人。可才啜飲，頓時心涼脾開，暑意全消。意外地，喝到了有生以來最優質的綠豆湯。

我不禁仔細端詳碗中美饌，這才發現，那表層之湯猶如一座碧綠之湖泊。每一匙舀出的綠豆，幾乎粒粒完整，不像小時

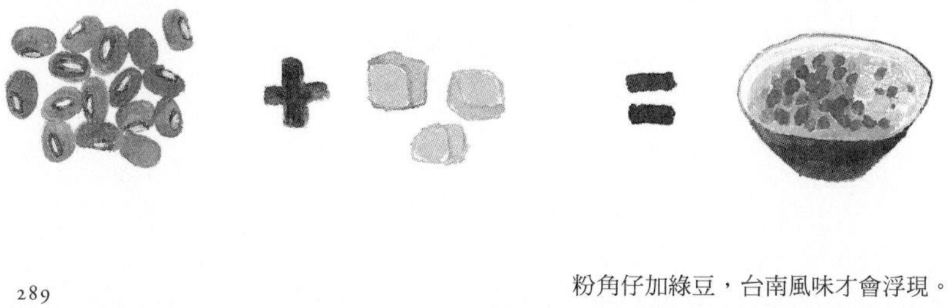

粉角仔加綠豆，台南風味才會浮現。

吃的稀爛模糊。但輕咬時，綠豆內部已經鬆軟、熟爛。

這等境界如何辦到的？猜想那綠豆勢必浸泡得允當，火候也控制得宜。然後，在慢工細火中，另外熬煮一鍋糖水，以適中的甜味，搭配了那豆香。

這一喝也真被其慣壞，此後品嚐別地的綠豆湯，難免挑剔起來。或嫌起濃稠如粥，或挑其色澤過於混濁，不等。

綠豆在豆類裡屬於味甘性涼。古時紅豆吃熱，綠豆吃冷。進而之，紅豆湯宜於北部食用，綠豆湯則適合南方。生津止渴的綠豆湯，盛夏時最讓人退火，確有防暑降溫、清熱解毒等，眾人琅琅上口之功效。

等我年紀大了，再到台南居留時，對它又有另一番層次的體驗。印象最深刻的一回在永樂市場。王浩一膾炙人口的《慢食府城》裡，生動地描述了許多大家已知的著名食物。所幸他還有藏私，在老市場裡，我得以和其友人繼續從容地走逛一些美味小店。

友人是老台南，論吃比挑嘴的台北人還講究。若出台南食用，整個人彷彿失了魂魄。此樣美食賢達，每餐之後，也必點水果切盤或飲料。那天大概是就近吧，特別帶我品嚐一家叫「楊」的綠豆湯。

「楊」在市場邊的國華街，營業已近半世紀，根據友人的經驗，用料實在，原味始終保留。我忘了實際內涵，只記得可加薏仁或加粉角仔。但我依老習慣，什麼都未加。豈料，我的綠豆湯認知再次被顛覆。此後方才注意，台南大概是綠豆湯店家最多的地方。

台南的綠豆湯也不只是料實湯好，帶有焦味的層次，還擴及店面的外貌。大家何妨仔細觀察，凡相關店面，綠豆湯，三個字都特別斗大。有的還自負到，只打出「綠豆湯」，連店名都可省略。南部如是，台南猶為明顯。三個大字背後，當然也隱含著一個城市的美食自信。

跨過此一綠豆湯之門檻，未幾，我更喝到了經典。

所謂經典，未必是冠軍美味，而是感受到一個合乎傳統精神的店面，其食材也展現古老綠豆湯的內涵。

這間店來得甚晚，不是阿美，亦非慶中街郭家這些正記老牌。葉記綠豆湯，位於北區長榮路五段延平市場附近，名不見經傳，亦無幾十年老店之類的頭銜。門面更沒什麼新穎，或討好年輕族群的裝潢，甚而是繁複的湯品內涵。

它只有兩種，綠豆湯和綠豆汁，很台南的綠豆美學。新店開張，便這樣簡單又勇敢，顯見老闆一定對綠豆湯有一番生活智慧的體驗，才能有此魄力。

以前隨便路邊攤買的，綠豆經常熬煮過頭，喝起來總是粉粉沙沙，甚而吃到綠皮之尷尬。葉家的綠豆撈起來完整如初，顆粒飽滿，色澤碧綠，明顯地比其他店的通透。再入口品嚐，綠豆外殼滑溜，內裡香軟，不爛不糊。

這回我也不再排斥粉角仔，或者說，此時我才真正見識到綠豆湯之精妙，當在此物的陪襯。

粉角仔係地瓜粉製成半透明狀，看似永不融化之小冰塊。猜想台南綠豆湯會加此物，可能有此滲涼之意。再加上其咀嚼時充滿彈脆之感，剛好彌補了綠豆之粉鬆。兩者合併，綠豆湯遂有多樣層次，一如紅豆加湯圓。

再觀其店，特色大抵有三。首先，綠豆要每天現煮新鮮的，絕不賣隔夜貨。其次，堅持只用台灣產的粉綠豆，台南五號。縱使成本比進口綠豆高。品質卻較穩定，香醇。再來，砂糖也是選擇台糖出產的。

老闆說綠豆在熬煮時一定要先浸泡過，熬煮五十分鐘後再改用蒸的，讓綠豆悶熟，這樣煮出來的豆粒才會完整又綿軟。

綠豆汁製法則是讓綠豆滾到熟透後，再打成汁。有些知名店家都會加綠豆粉，葉家的綠豆汁最大特色是少了沙沙的感覺。喝時清澈，感覺不出有太多雜質和沉澱物。

只賣綠豆湯和綠豆汁，不做其他花樣，當然是要把最好的綠豆原味呈現給顧客。

一家偏遠的新店面，都不知還能撐多久，一開始即先堅持台南的傳統，把綠豆湯的南方情境清楚展現。我對台南綠豆湯不得不致以最高敬意。這種自負的品味，也唯有府城，別無他處。(2012.2)

綠豆和粉角仔是絕佳拍檔。

東港飯湯與肉粿。

近海滋味

我喜歡點乾肉粿。

一碗一碗的肉粿就是從這厚墩墩的炊粿分取而來。

菜攤上，一顆顆烏腳綠攏集如小丘。表皮密布著烏暗鬚毛的牛角身影，氣勢顯著地壓過了旁邊的綠竹筍。

夏天時，我在各地鄉鎮觀察，綠竹筍向來是竹筍類大宗。東港第二市場的早晨恰恰相反，出現了這樣一個小而異樣的物產風貌。

我好奇地過去探問。賣烏腳綠的農夫跟其他個體戶菜販一樣，十有八九來自東港溪對岸的烏龍。東港以大鎮之姿臨海，數百年端賴魚蝦為生，少有農產蔬果，北側緊鄰的烏龍遂成為重要的蔬果供應區之一。

方才結識的那位老農，兩三天就來最熱鬧的中山路，蹲坐在大鵬灣飯店前。那天除了烏腳綠，他還帶來了土雞蛋、豆薯、土龍眼、珠仔草和番木瓜。他的烏腳綠分成兩類，有的採收時已呈幼竹的身形，纖維粗澀微苦，一斤不過三十元。若是牛角模樣的當然較貴，一斤約五十元。但怎麼換算，都比綠竹筍便宜。

大地和海洋的美好交會，盡在飯湯和肉粿的用料裡。

「為什麼不種綠竹筍？」

「我們這兒靠海邊，綠竹筍長不好，烏腳綠才肥美。」老先生一語道破我的疑惑。

「你們這兒怎麼吃？」我繼續追探。

「煮粥煮清湯都可以啊！」

「你講的煮粥是煮飯湯？」

他點點頭。飯湯是南部人早中餐最常吃的食物，有些地方習慣以鹹粥稱呼，其實在煮法上，還是有若干差異。好像過了高屏溪以後，飯湯的叫法才尋常起來。而兩者相互對照，也有諸多玩味。

飯湯是我在東港最好奇的食物之一。沿著第二市場繞圈，少說有二十來處小店、小攤都有販賣。或亮眼於大街，或深隱於小弄。單賣的不多，大抵混雜於各種麵食或早點之內。

以前去台南，早上一定吃鹹粥，什麼阿堂阿憨的，幾乎都要品嚐，且視為每回走訪台南必吃的食物。飯湯雖是東港的重要早餐，卻未蔚為在地的旅遊美食。

台南的鹹粥有兩階段煮法。多半以蔥頭爆香，加入香菇、竹筍拌炒。接著入高湯，此時若加入生米，以小火熬煮一陣，稱之為半粥。若碗底添加白飯，再起鍋淋上此一魚骨湯料，乃飯湯也。重頭戲在一碗碗早已備妥的新鮮虱目魚，跟這些食材的結合，便是台南人

湯肉粿的湯頭稠郁。

一碗小小的東港飯湯，昭示了當地坐擁的自然資源。

的傳統早餐。如今的鹹粥已發展為府城士紳的慢活早餐，遊客認知台南的重要美食。

東港的飯湯內容各攤不一，卻簡單多了，可隨主人的意思和喜好。大抵不離魚板、芹菜、蝦猴、旗魚肉，還有加上讓我眼睛發亮的烏腳綠筍絲，搭配米飯。

飯湯在東港，一碗約莫三十元到三十五元上下。台南鹹粥最近吃過的，動輒八九十元。從東港的角度，府城的飲食屬於貴族階級，奢華了些。

東港的住民多半是勞動階層的人士，飯湯在這裡乃平常的食物。既可早午餐，亦可午後點心，婚喪喜慶更是必備。尤其是廟會節慶，一煮就是好幾大鍋。飯與湯分開，食客依自己的需要，自行調配飯湯比例。若是勞動界兄弟，每每可以吃上好幾碗。

後來聽一位小販口述，鎮上三百年歷史的東隆宮，每三年一回的王船祭，虔敬奉納的金主比比皆是。於是供給廣大信眾和香客的飯湯，往往大鍋大鍋的端出，食料最為豐富，遠遠超出目前一般街坊的內涵。害我此後屢屢惦記著，哪回王船祭，除了觀看火燒船外，非得吃到這時的免費飯湯。

鹹粥與飯湯，一物對照一物，也甚是有趣。台南的綠竹、虱目魚和爆香之蔥頭，在東港轉而變成此地的烏腳綠、旗魚和蝦猴。

烏腳綠讓我對烏龍周遭的鄉野，更具體浮昇一個適合烏腳綠生長的想像地圖。儘管檳榔林和芒果的景觀到處矗立，過了東港溪，一些低窪河岸，總有些陰森的竹叢林，想必都

是由烏腳綠簇生而成。

當然，由烏腳綠增鮮的東港飯湯，另一個重點便是旗魚和蝦猴了。旗魚是東港的特產，大店小攤都有旗魚丸湯。東港人也吃不慣虱目魚，寧可選旗魚肉。一般飯湯裡的肉料多半即旗魚，若有摻入豬肉或其他魚肉者，老闆的誠意恐不免會遭人懷疑。

若說烏腳綠是重要配料，旗魚肉是主要食材，但更不可或缺，充滿東港精神的，絕對是目前最為普遍的蝦猴了。

此一蝦猴可別誤會，想像成鹿港老街上到處可見的，那種短圓的蝦猴或蝦姑，泰半製成醃漬物或炸物銷售。

鹿港的蝦猴主要是潮間帶泥灘地的生物。東港蝦猴是一種接近「蝦B」（劍蝦）的海螯蝦科小蝦。常見有兩種，分別叫善秋猴和金絲猴。牠們棲息在較深的海洋，煮熟曬製後全身大抵豔紅亮麗，嘴角尖銳多觸鬚，體型比櫻花蝦大，正月時捕獲最多。

東港是蝦類產地，街衢的食品店坊或市場小攤，不乏販售。但這種飯湯裡的蝦猴，遊客多半不熟識。大家印象最深的，應該是東港三寶之一，櫻花蝦。另二寶是油魚子和鮪魚。

櫻花蝦也是深海蝦類，目前世界兩大產地，一在日本靜岡駿河灣，另一處即東港不遠的海域。這種浮游生物製成乾貨後烹調，蝦香四溢，很適合做各種料理的提味。

近年來，東港努力開發各式口味的櫻花蝦零嘴，頗受消費族群喜愛。但當地漁會擔憂過度濫捉，為了維護這項珍稀資源，還成立十年的櫻花蝦產銷，徹底實行每年五個月的禁捕時間，只開放下半年度限量撈捕。這類自律規定，在台灣其他海域尚未嚴格實施呢。

旅居時，恰巧邂逅一位在地姓孔的商人，設了間知名的櫻花蝦店面，在東琉線碼頭附近。根據他早年當漁夫的撈捕經驗，八〇年代中旬，近海魚類資源已不若以往，前些時的鮪魚季也是曇花一現，現在東港的經濟多半是仰賴蝦子支撐。

惟現在的隱憂，不只是捕撈過度了。現今蝦子的捕獲數量雖有管制，前幾年八八水災卻帶來另一個衝擊。我們以為颱風遠離，陸地汙泥清除了。但大水挾著山上的沙石和漂流木衝出河口，影響了東港周遭海域的底棲環境。以前淺的變深，深的反而變淺，海床地理環境大搬風，蝦類的數量減少許多。以前

東港街上偶見曬扁魚之景。

蝦猴一年可捉一千五百台斤，現在不及一半。價格若不提升，漁民恐難以度日。

唉，一談到生態變遷，常教人食不下嚥，一時也難解，暫且再回到飯湯的內涵吧。一般遊客遊逛東港，進入餐廳用餐，總會指定櫻花蝦炒飯。走訪特產店，大家在意的往往也是櫻花蝦食材。忽略了擺在旁邊，另外兩大類的蝦猴和中蝦。

大家為何忽略這兩種蝦，可能因為蝦猴多鬚，容易刺嘴，北部人不喜愛。中蝦長相和用途接近蝦猴，亦遭波及。但當地人不嫌麻煩，曬乾後，一隻隻捉來剪鬚，善用於食材配料。說真的，此蝦一口咬下，香甜之味四溢，絕非一般蝦米可比擬。中蝦的用途跟蝦猴一樣，但偏好者多為高雄林園地方的住民，東港人才是真正的蝦猴愛用者。

蝦猴的用途也相當廣泛，除了飯湯，常見的米粉和油飯都派上用場。當然，東港獨一無二的肉粿，更是不可或缺。

翻看東港的旅遊指南，一定推薦什麼小林肉粿、葉記肉粿。這種東港勞動界的美食也很平民，售價三十至五十元。雖說便宜好吃，功夫卻不見得簡單。店家往往凌晨三點多起床炊粿，熬高湯，兼切香腸和三層肉片。至於蝦猴，早已剪掉尖嘴和長鬚，跟醬料一樣備妥在旁了。

肉粿的存在也提醒我們，東港是典型的漁村聚落，擅於利用蝦猴等海洋資源。相對地，背後又有廣大的農田腹地，進而衍生出這種獨特的米食。

肉粿係以米漿製作，慢慢炊煮而成，做得精采的，米漿凝成粿後細膩又順口。肉粿分有湯無湯兩種。吃了三四回後，我傾向點乾的，再索取一碗米湯搭配。其湯利用魚骨加米漿精心熬煮，搭配肉粿朵頤，層次更增。

最後一回享用時，旁邊一位父親正在教小朋友吃。

小朋友覺得肉粿索然無味，但那父親耐心地解釋，「你要一口粿，加上一隻蝦子，或者瘦肉，或者香腸，這樣才好吃。」

我試著照那父親的敘述，果然吃得愜意。尤其是切成薄片的香腸，夾著米粿含入嘴時。

這是哪來的香腸呢？一般說來，做為肉粿配料的香腸，都是店家精挑豬後腿的瘦肉，費工灌製而成。我積極地探問，肉粿老闆自傲地說，「我們的香腸多半自製的，但也有人用小琉球的。」

「小琉球？」

「是啊！小琉球最有名的就是香腸。你不知道嗎？」

東港盛產蝦子，中蝦、蝦猴、櫻花蝦，由左至右成堆販售。

我繼續呆愣著。

「來東港不去小琉球，只來了一半。去了小琉球沒買香腸，等於沒去。沒聽說過嗎？」

沒想到小琉球在東港外海，竟是這麼重要的存在著，彷彿香港之南Ｙ島。吃完肉粿，漫遊到碼頭，遙望著這個西邊的小島。從香腸的滋味，我不禁浮昇一個航向離島的美好想像。

(2010.4)

據說東隆宮王船祭時，提供的飯湯食料豐富可口。

產地直銷
自然嚴選

Taiwan Style 67

男人的菜市場

作者／劉克襄

編輯製作／台灣館
總編輯／黃靜宜
專案主編／朱惠菁
編務執行統籌／張詩薇
美術設計／黃子欽
行銷企劃／叢昌瑜

發行人／王榮文
出版發行／遠流出版事業股份有限公司
地址：台北市100南昌路二段81號6樓
電話：（02）2392-6899
傳真：（02）2392-6658
郵政劃撥：0189456-1
著作權顧問／蕭雄淋律師
輸出印刷／中原造像股份有限公司
2012年9月1日 初版一刷
2021年3月1日 二版一刷
定價 430 元

ISBN 978-957-32-8977-7
遠流博識網
http://www.ylib.com E-mail: ylib@ylib.com

國家圖書館出版品預行編目(CIP)資料

男人的菜市場 / 劉克襄著. -- 二版.
-- 臺北市：遠流出版事業股份有限公司,
2021.03
304面；22x17公分. -- (Taiwan style ; 67)
ISBN 978-957-32-8977-7(平裝)
1.市場 2.臺灣
498.7 110001413